JN185856

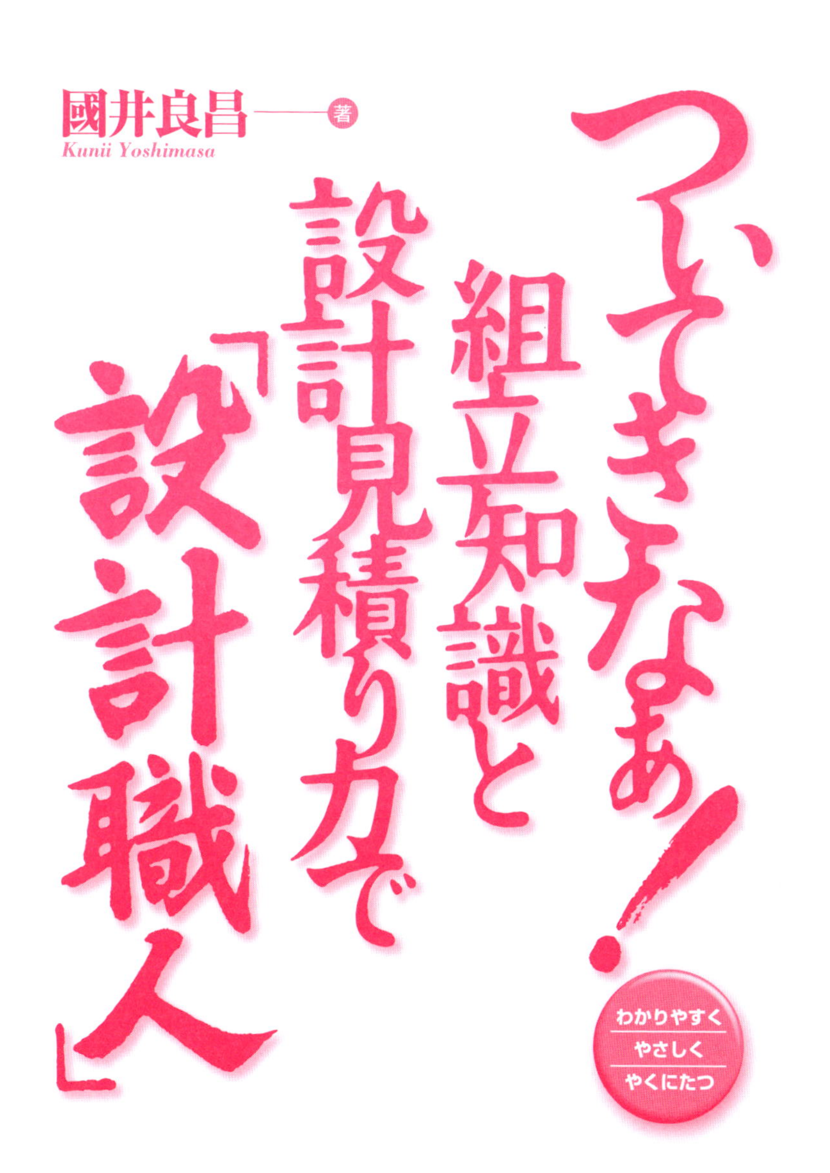
國井良昌――著
Kunii Yoshimasa
ついてきなぁ！
組立知識と
設計見積り力で
「設計職人」
わかりやすく
やさしく
やくにたつ

日刊工業新聞社

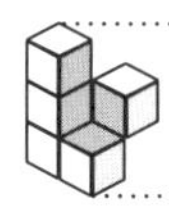

はじめに　モノづくりで忘れた組立性と現地化

以下、三つの問題点を掲げたいと思います。

その一つ目が、「モノづくり」です。

日本のお家芸と言われた鉄鋼、造船、家電、OA機器類が隣国工業界の急激な躍進で衰退しました。長引く国内不況の中で、このままでは復活できる体力も気力も失ってしまう危機感から、どこからか湧いた言葉が「モノづくり」です。

「モノづくり、モノづくり」と言われてから久しい年月が経ちますが、「モノづくり」とは「物を作る現場」に向けての掛け声になったようです。

「物を作る現場」とは、生産現場のことです。たとえば、さらなる効率化を求めた大量生産であり、自動機械による高精度な部品生産、そして、さらなる高品質。これらの主役が生産技術者です。

一方、企画と設計部門が衰退したままです。それを知っているのは本人たちで、「モノづくり」に相当する掛け声の単語が、相変わらずの「グローバル化」だけ。**実は、これが二つ目の問題です。**

日本企業の生産技術は、今でも総合力では世界第一。しかし近年、企画と設計力はドン尻らしいぜぃ。
どうもよぉ、液晶テレビとスマホのあたりから下降線だよなぁ！
オメェら、努力してんのかぁ、あん？ あのグローバル化はどうしたぁ？

そんなのわかってますよ、厳さん！グローバル化に向けて日夜頑張っていますから。英会話のことですけど……。
そこで、来週は「ワークショップ」なんです。

なんだそりゃ、ワクワク・ショップって？
蚤の市か？ あん？ ……ワクワクしちまうじゃねぇかい！

ワークショップとは？ Web上の辞書などでは、「体験型講座」や「双方向的な学びと創造のスタイル」など、難解な解説が数多くあり、筆者を悩ませます。

一方、外資系企業においては、海外技術者との技術交流や、共同開発の技術打合せを「ワークショップ」と呼びます。
もちろん、すべて英語。会議中も、ランチタイムも、そして、ディナー（会議終了後の食事会）も英語、英語、英語……。

そうですよ。
うちの会社では、「TOEIC 650点以上」でないと、課長推薦すらされません。推薦されてから昇格試験なんですよ。

おぉ、なるほど！そういえば、あの衣料品の企業や、ネットショッピングから始まり、今や銀行や旅行会社まで有するあの企業も、課長の昇格試験どころか、全社員の「公用語」が英語らしいなぁ？

「グローバルで戦うには英語を学ぼう！」……学生は別ですが、今どきこのようなフレーズを発する企業は、相当な時代錯誤かもしれません。

最後は三つ目の問題、それは、「現地化」。
もっと詳しく言えば、「現地化設計」です。現地化設計って、一体、何のことでしょうか？ 例えば、身近な車を例に挙げれば、……

① その国の人々に適合した仕様でよい。
例：インドでは、ドアミラーはドライバー側に一個あればよい。
例：サウジアラビアでは、ガソリンが低価格であり燃費は優先しない。

② 信頼性は、始動一発で必ずエンジンがかかればよい。
③ 静粛性よりも低価格であること。

現地化設計には、企画、設計、調達、製造、検査、保全と各部門が携わってきます。また、現地の文化や慣習、そして、賃率を含む経済力を現地で把握する必要があります。本書における、現地とは国内外の生産現場を意味します。

実は、ここに大きな問題が潜んでいるのです。

まさお、オメェまさか、現地（現場）へ行ったこともねぇくせして、「現地化、現地化設計」なんて言ってるんじゃねぇだろなぁ？あん？
そんな甘い、職業はよぉ、この世の中にはねぇってもんよ。

げっ、厳さん！
実は、現地へ行ったことは一度もないんです。しかも、現地ってどこですか？品質を下げて安くすることが「現地化」なんですよねぇ？

グローバル化とは英語？現地化とは品質を下げて安くすること？ちょっと、なさけないまさお君ですね。そこで本書は、狭い範囲ですが下記を提案します。

【コンセプト】

本書は、工業製品のグローバル化の一つとして、現地化設計を取りあげる。さらに、「組立」とその「設計見積り」に的を絞り、設計職人における現地化のための基礎知識を身につける。現地とは国内外の生産現場を意味する。

【手段】

① 部品組立の設計見積りができるように導く。
② 現地の工賃に適した現地化設計を理解する。
③ 豊富な事例を提供する。

【目標】

「グローバル化とは英語、現地化とは品質を下げて安くすること」という短絡的な知識から脱却し、簡単な部品の現地化を目で確認し、「高い、安い」の概念を数値で表現できる技術者を目指す。そして、国内外の生産現場も喜ぶ設計を目指す。

2015年9月

筆者：國井良昌

第１章　本書を理解するための基礎知識

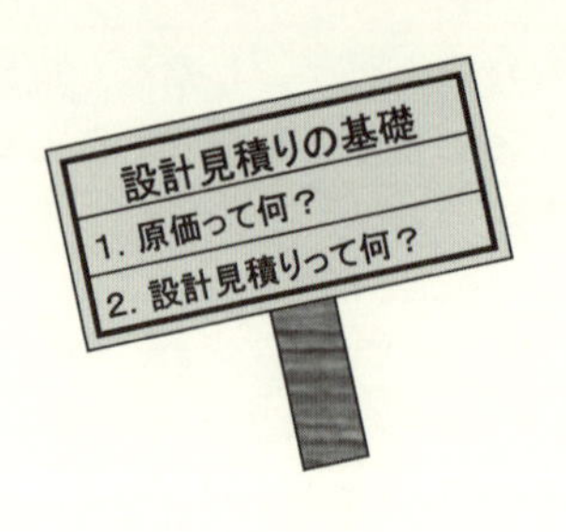

オイ、まさお！
まずは、基礎を身につけろ、
これは**命令**だぁ！

厳さん、わかりました。
今から、復習しますぅ。

第2章　現地化戦略に必要な設計知識

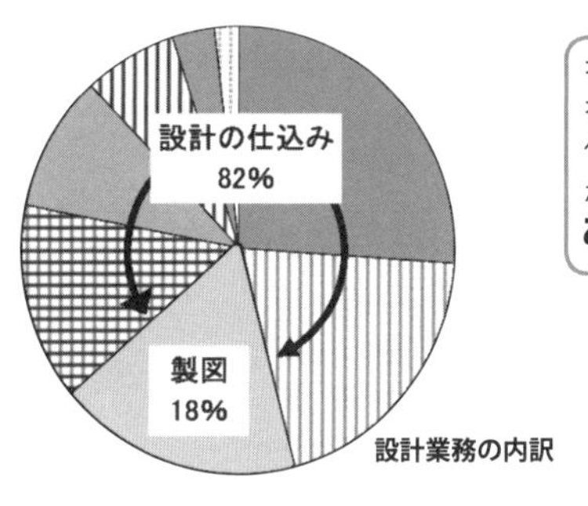

設計業務の内訳

オイ、まさお、！
オメェ、まさか……一度も現地（現場）へ行ったことがねぇって、言うんじゃねぇだろなぁ。それでも**設計職人かぁ！あん？**

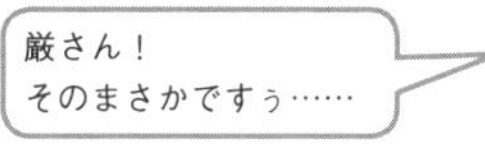

第3章　組立の代表格：溶接の加工知識と設計見積り

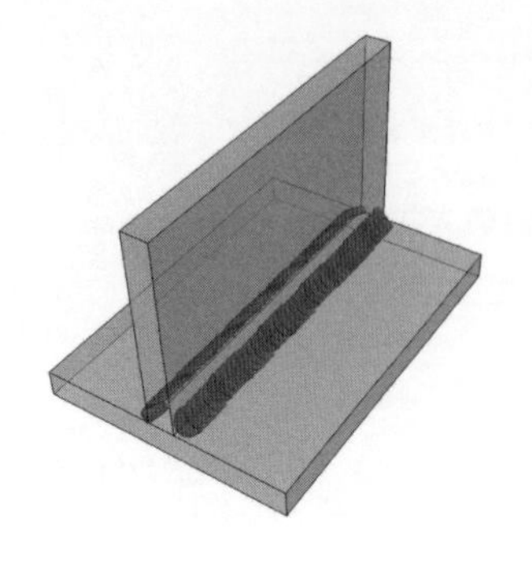

厳さん！
どうして、溶接が「組立」なんですか？

本書では、第1次工程を板金や樹脂の単品部品、第2次工程を複数部品の組合せと定義しているんだぜぃ。んだからよぉ、溶接は組立だぜぃ！

第4章　事例で学ぶ！上方組立/水平組立の知識と設計見積り

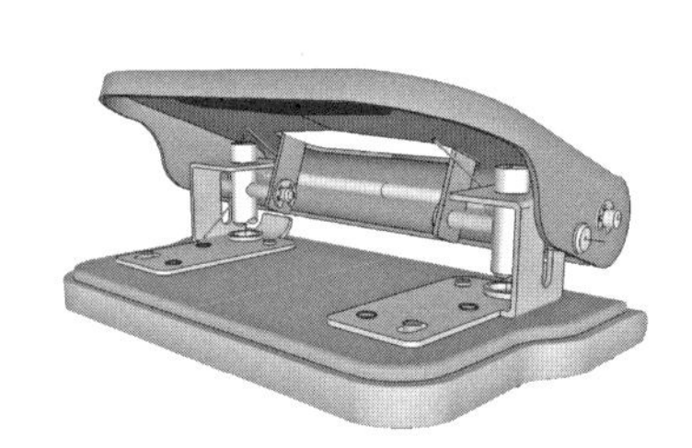

オイ、まさお！
次は、こいつを分解しながら、組立工数をはじいてみようじゃねぇかい。どうだ、返事ぐれぇしろ！

厳さん！
身近な事例で説明してくれると、すごく理解しやすいです。

第５章　事例で学ぶ！締結の組立知識と設計見積り

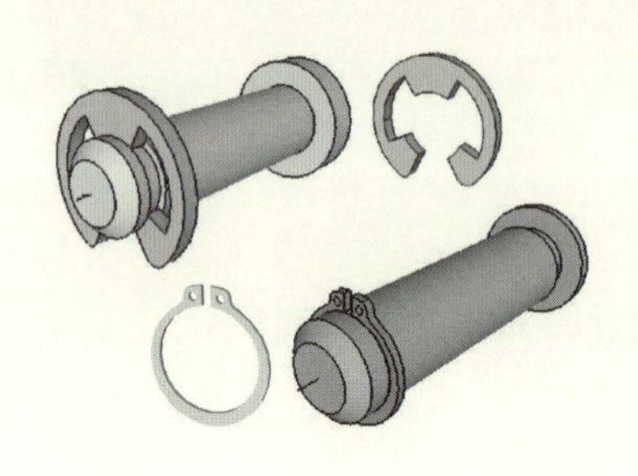

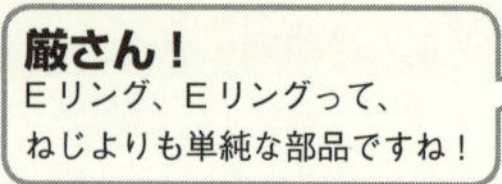

第６章　ベルトとチェーンの組立知識と設計見積り

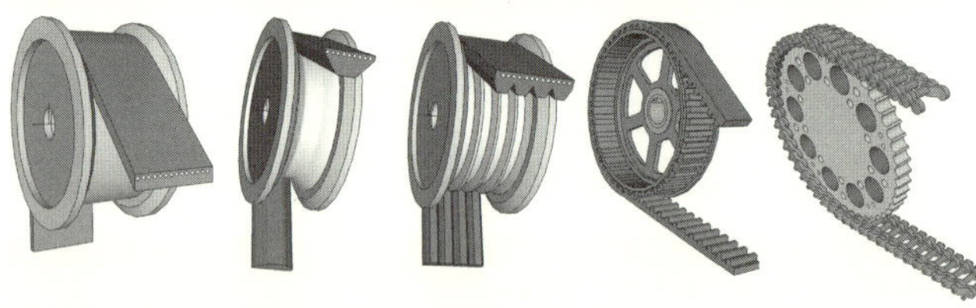

第７章　コイルばねの組立知識と設計見積り

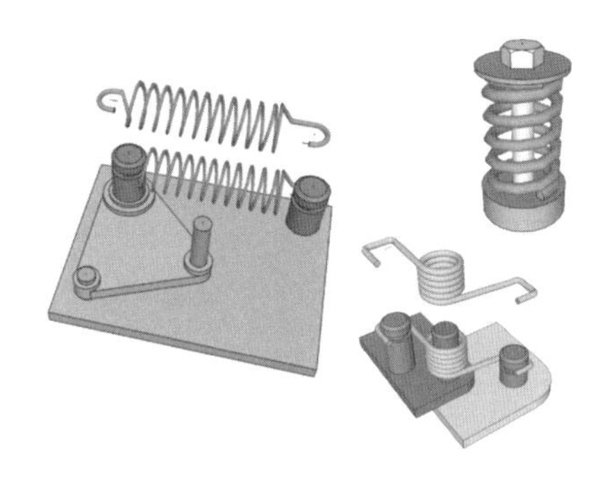

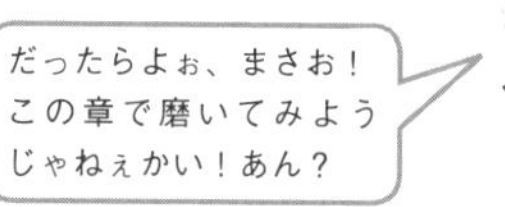

第1章
本書を理解するための基礎知識

1-1　設計見積りができなければ戦えない

1-2　設計見積りの求め方

1-3　事例：百円ショップの 樹脂製 ブックエンドの設計見積り

1-4　事例：百円ショップの 板金製 ブックエンドの設計見積り

〈組立／現地力・チェックポイント〉

オイ、まさお！よく聞け！

大工が見積りできなきゃよぉ、
注文がとれねぇってもんよ。
そうだろ？**あん？**
オメェ、まさか……

厳さん！実は、……

でへっ……「**ついてきなぁ！加工知識と設計見積り力で『即戦力』**」と「**ついてきなぁ！加工部品設計の『儲かる見積り力』大作戦**」で勉強中です。

【注意】

第1章に記載されるすべての事例は、本書のコンセプトである「若手技術者の育成」のための「フィクション」として理解してください。

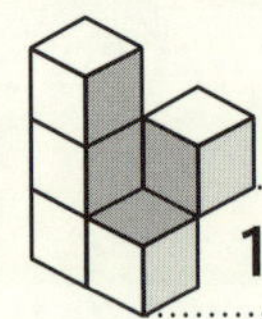

第1章　本書を理解するための基礎知識

1-1. 設計見積りができなければ戦えない

見積りとは、……

① およそ何日かかるか工期（納期）を見積る。

② およそ何人必要なのか、人手を見積る。

補足：企業では、①②を合わせて「工数」と言う。

③ およそ何リットル必要か長距離トラックの燃料を見積る。

④ 下記の事例参照。

などに使われています。

数や量を予測します。予言ではなく、予測ですから根拠を求められます。「えいっ、やぁ！これでどうだ！」と決めてしまうカンジニアや、にわか大工や、3次元モデラー注の行為は論外です。

注：3次元CADに向かうと、いきなり絵を描きだす造形者。感覚的に進めるので、設計者ではなく3次元モデラーと言われている。彼らが使用する3次元CADは「高価なお絵かき帳」と呼ばれている。

そして、何と言っても「見積り」といえば、……

なに！オレサマにふる気？
あんなぁ、見積りできねぇ大工やラーメン屋はいねぇんだよぉ。
オイ、まさお、オメェ、まさか？？？

厳さん！そっ、そのまさかなんですよ。
だから、教えてください、大工さんの見積りってなんですか？

そりゃ原価の見積り、原価見積りだろがぁ！基礎工事の見積り、木材の見積り、壁材の見積り、システムキッチンの見積りだろがぁ。
そして、現地での組立て作業の見積りだろがぁ、あん？

厳さんの言う通りです。工業界での見積りを大きく分けて、原価見積りと設計見積りの二つがあります。以降で、その違いを理解しましょう。

1-1-1. 原価って何？ コストって何？（まずは単語を覚える）

当事務所のクライアント企業からの依頼で、何度か「低コスト会議」に同席しました。ここで、不思議な現象を目の当たりにします。それは、会議中に「キョトン！」としているリーダーや中堅クラスの技術者が、どこの企業にも少なからず存在しているのです。

なんでぇ！またまた、オレサマにふる気？ しゃねぇから、やるか！オイまさお！今日の低コスト会議だけどよぉ、なんでぇずぅーっと「キョトン！」とか「ボケー」ってしてたの？

実は厳さん、低コスト会議で使われる単語の意味がわからなくて。会議中にWeb検索すると、ゲームやっているのかと疑われるし、……。

そりゃ辛かっただろがぁ。
学校で数学の基礎がわからない生徒、英単語がわからない生徒の気持ちが理解できたんじゃねぇかい？ あん？

そうですよ！何もわからないまま、一時間もじっと座っている生徒の辛い気持ちが理解できました。しかも、学校の授業は毎日ですからね。

そりゃ、オメェ、どんな単語だよ？

その主な単語は、以下に示す12個です。とくに、「原価」と「コスト」と「仕入れ値」の三つ。これらの単語の意味とその相違に悩んだと、まさお君は言います。

① 原価：利益を含まない仕入れ値のこと。企業では「板金の原価」、「コネクタの原価」、「モータの原価」のように使われる。飲食店の場合、「小麦粉の仕入れ値」、「牛肉の仕入れ価格」と言う具合に「仕入れ値」や「仕入れ価格」が使われる場合が多い。

② コスト：①の原価と同じ。英語では「cost」の綴り。
③ 仕入れ値：①の原価と同じ。仕入れ価格ともいう。

な～んだぁ、「原価＝コスト＝仕入れ値」だったのかぁ！
もう、これでスッキリ！

オイ、まさお！
Q（品質）しか語れねぇのはよぉ、職人の屑だぜぃ！そうだろがぁ、**あん？**

④ 定価：前もって定められた値のこと。例えば、売る側や店側が決める意味合いが強い。

⑤ 売値：「うりね」と呼ぶ。実際に売り渡す値のこと。例えば、「定価の3割引き」といえば、7割の部分が売値となる。
⑥ 価格：④の定価、および⑤の売値を意味するが、④の定価の「前もって定められた値」の意味合いが強い。ただし、メーカー側が決める意味合いが強い。

⑦ オープン価格：オープンプライスともいう。メーカー側が価格を定めていない。家電品の多くに導入されている。小売店が決める売値が店頭やネット上で表示される。

⑧ 値段：⑥の価格と同じ。

⑨　言い値：「いいね」と呼ぶ。売る側の言うままの値。値切交渉しないままの値。反対語は、「付け値」という。

⑩　付け値：「つけね」と呼ぶ。買い手が物品に付ける値。客側がつける値のこと。反対語は「言い値」という。

⑪　原価見積り：原価計算ともいう。例えばメーカーの場合、現物や図面に基づく原価を算出すること。サービス業などで「見積り無料」という場合があるが、この場合は、現場や現物から判断して「原価」をはじき、定価を算出することを意味する。原価は①を参照。

⑫　設計見積り：⑪の場合、図面や現場や現物の存在が特徴的であるが、図面も現物もない設計段階で、およそいくらであるかの原価を算出すること。原価は①を参照。

本書は、原価とコストと仕入れ値を混在して解説することになります。どうしても、慣例から統一はできませんでした。ご理解ください。

原価見積りとは、原価計算ともいう。例えばメーカーの場合、現物や図面に基づく原価を算出すること。

設計見積りとは、図面も現物もない設計段階で、およそいくらであるかの原価を算出すること。

オイ、まさお！
これらの単語は辞書化しておけよ。単語を知らなきゃ、打合せもできねぇときたもんだ！

厳さん！
もう、モバイルの「メモ・アプリ」に入れましたよ。

1-1-2. 原価見積り（原価計算）とは

前述のように、原価見積りは原価計算ともいいますが、原価計算とは何か。その前に、原価計算は誰がやるのかと言うと、……

① 大企業の原価管理部に所属する部員
② 大企業や中小企業の経理部員
③ 大企業や中小企業の調達部（購買部、資材部）の部員
④ 中小企業や零細企業の社長やその奥さん
⑤ 個人事業主（飲食店経営者、大工、塾経営者など）

学者には原価計算は不要かもしれませんが、飲食店経営者や技術の職人も、原価計算抜きに生きてはいけないはずです。

本書は原価計算の専門書ではなく、図面を描く前の設計見積りの書籍です。しかし、ちょっとここで、原価計算を理解してみましょう。

たとえば、メーカーにおける原価計算とは、正式な図面をもとに、……

・材料費
・輸送費
・電力費
・損失費
・保管費
・人件費
・減価償却費
・為替変動費

など、とても複雑な要因を加味して算出されます。

企業に勤務する技術者が原価計算を実行するのは不可能です。大・中小企業では「原価管理部」や「経理」の専門部員が算出します。筆者は埼玉県川口市に在住しますが、この町の零細企業では社長やその奥さんが算出しています。

技術者が原価計算をしても結構ですが、そのような工数があるならば、FMEA（トラブル未然防止の開発ツール）や設計審査や後進教育に費やしていただきたいものです。

その代わり、技術者必携の能力のひとつに、図面を描く前の「設計見積り」という簡単な計算による原価、つまり、コストの見積りが求められています。

1-1-3. 原価×3＝定価、原価＝定価×1/3

少しは毎日が楽しくなる話しをしましょう。

設計コンサルタントの筆者は、時々、競合機分析の調査を依頼されます。分析とは、競合機のQ（品質）、C（コスト）、D（Delivery、期日）、Pa（Patent、特許）の分析/調査であり、たとえば、Cはその機器の原価を調査するものです。

【公式 1-1-1】

原価× 3 ＝ 定価

【公式 1-1-2】

原価 ＝ 定価×(1/3)

注意：ここでいう公式とは、実務の目安で使うビジネスノウハウの概念式であり、数学や物理の公式とは異なる。本書では実務公式と呼ぶ。

図表 1-1-1　原価と定価に関する実務公式

商品にライバルが存在する場合、飲食も衣服も、そして工業製品も、**図表 1-1-1** に示す公式1-1-1を使用して、目安としての定価を決めます。

しかし、原価はトップシークレットの企業情報ゆえに、入手は困難を極めます。そこで、図中の公式1-1-2を使用しておよその予測を立てます。

たとえば、100円ショップの原価は33円です。乾電池や菓子類は原価率が高く、ビニール傘や透明のファイルケース（クリアホルダー）やタッパー容器や樹脂ボトルは原価率が低い品物で、両者で店内平均33円に調整しています。

商品や業界によって、公式1-1-1の「3倍」にはバラツキがありますが、推定するスタートは「3倍」です。

ただし、「定価0円」などの政治的価格[注]ではないことの確認が必要です。

注：赤字覚悟で定価を下げ、販売戦略に打って出ること。

原価 × 3 ＝ 定価、原価 ＝ 定価 × 1/3 の実務公式がある。

1-1-4. とっくに潰れている？ 複写機とプリンタメーカー

一般的には、「原価＝定価×1/3」が成り立つのですが、一般ではないビジネスが三つあります。その一つが独占であり、二つ目がレンタルビジネスであり、最後がアフタービジネスです。

まず、一つ目を説明しましょう。

どうしても、その企業で製造された鍋、包丁、ハサミ、スーツなどがほしいという場合、消費者は通常品の10倍や100倍を支払って購入します。しかも、1年や2年待ちは当たり前。これらが独占企業の独占商品で、定価はあってないようなものです。

厳さん！職人なら、こうでありたいですよね？
「どうしても、厳さんの建築じゃないと……」という具合にね。

オメェ、それって皮肉じゃねぇだろな？

二つ目がレンタルビジネスです。代表的な商品は以下の通りです。

① 結婚式の衣裳
② 車（レンタカー）、自転車（レンタルサイクル）
③ 建設機械（ブルトーザーやクレーン車などの重機）
④ ベビーカーやベビーベッドなどのベビー用品
⑤ 借家、賃貸マンション、賃貸アパート

これら資産の所有者はそのレンタル企業ですが、お客様からは「レンタル料金」をいただき、資産の機能や効用を提供します。

最後がアフタービジネスです。

直訳して推定すれば、「売った後に儲ける」というビジネス形態です。一般商品が「売り切り」と称されるのですが、売った後に儲けるのは素人でもおいしい商売のような気がします。代表的な商品は以下の通りです。

① 携帯電話やスマホの通話料金やパケット料金
② 複写機やプリンタにおける用紙、トナー、インクなどの消耗品
③ 複写機やプリンタにおける保守契約
④ 衛星放送
⑤ 浄水器とそのカートリッジ

とくに、②や⑤は、消耗品ビジネスと言ってよぉ、結構、おいしい商売だぜぃ。この後、インクジェットプリンタ用のインクカートリッジの原価で、おいしい理由がわかるぜぃ！期待しなぁ！

アフタービジネスは、「売った後に儲ける」と理解しました。その中の消耗品ビジネスは、「商品を売った後に、その商品の消耗品で儲ける」と訳せますね。

やけに冴えているじゃねぇかい、まさお！

話はアフタービジネスに特化しますが、インクジェットプリンタの機械の原価率は45％以上です。一般的な商品が33％ですから、とっくに潰れているはず。しかし、お客様があの高価なインクカートリッジを購入し続けてくれるので、ビジネスが成立しています。

それでは、そのインクカートリッジの原価率はどのくらいでしょうか？

1-1-5. 暴利（?）のインクカートリッジ/トナー/薬品/たこ焼き

原価率が10%以下の商品は、……

① インクジェットプリンタのインクカートリッジ ② コピー機やレーザプリンタのトナーカートリッジ ③ たこ焼き ④ お好み焼き ⑤ 風邪薬や胃腸薬などの医薬品

世の中が不況で苦戦していても、複写機やプリンタ業界がほぼ安定なのは、これらの消耗品（上記①②）の原価が10%であることも一因でしょう。あまりにも利益率が高いので、機械を製造・販売せずにインクカートリッジだけ、または、液体のインクだけ、トナーカートリッジだけを販売する企業が出現しています。世間では、これらの企業を「サードパーティ」や「サードベンダー」と称し、一般消費者は大歓迎ですが、複写機やプリンタ業界からは、煙ったい存在となっています。場合によっては裁判沙汰にまで発展しています。

一歩間違えれば「ぼったくり」と罵られそうです。一方、医薬品はその開発費が膨大なこと、最後は人体実験による検証まで考慮すると、許せるような気がします。しかし、いずれも、低原価率ゆえに、安定したビジネスモデルであることは確かなようです。

オイラも理解したつもりだけどよぉ……
しっかし、
アフタービジネスって、そんなにうめぇ
もんかい、**あん?**
原価率10%なんてよぉ、なんか、腑に落
ちない**ぜい!**

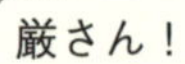

厳さん！
しょうがないですよ、
仕方がないですよ。

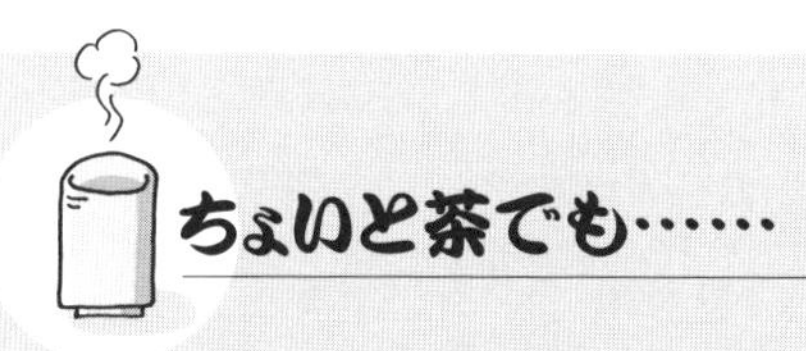

ちょいと茶でも……

外国人社員が初めに覚える日本語とは？

日本企業もグローバル化を目指して、諸外国、特に隣国や東南アジアの国々から優秀な人材を数多く採用するようになりました。その著しい業界が、サービス業と情報産業でしょう。

たとえば、コンビニの店員や居酒屋や飲食店の店員、そしてソフトウェアの技術者です。IT関連の社長が次のようなことを述べています。

> 『インターネット企業は技術が一番重要です。ただ、日本でコンピュータサイエンスを専攻している卒業生は、年間2万人しかいません。それに対し、アメリカは6万人、中国は100万人、インドは200万人もいるんですよ。
>
> だから何百万人のプールから人を雇うのか、それとも2万人のプールから雇うのかによって、競争優位が全然変わってきますよ。』

厳しい現実ですが、**しょうがない**と思う圧倒的な数の差ですね。

当事務所のクライアントに、隣国の巨大企業があります。日本人技術者の場合、その年収は国内一流企業の約2倍から3倍です。またその国は、外国人技術者に対して、なんと5年間も無税なのです。

前述の年収は、「年俸制」であり、「業務指名制」です。社員食堂では、多国の言語が飛び交っています。隣国企業の圧倒的な躍進力に、**しょうがない**では済まされない巨大パワーを感じ取ることができます。

さて、外国人社員が日本に来て、まず初めに覚えるビジネス用語はなんでしょうか？「おはようございます」、「ありがとう」、「お疲れ様」もそうですが、日本人社会で独特なその単語とはなんでしょうか？

それは、まさお君が前ページで連発していた……「しょうがない」や「仕方がない」……だそうです。

これらの単語は、自分を納得させる便利な単語ですが、常時使っているといつの間にか、あなたの企業が「ブラック企業」になってしまうかもしれません。ブラック企業を造るきっかけは社長ですが、ブラック企業に成長させてしまうのは、なんと、従業員です。

厳さん！
ウチの会社もブラック企業のスレスレです。
でも、……
しょうがないですよね、仕方がないですよね。

オイ、まさお！
オメェら日本の技術者もよぅ、隣国の技術者や、オイラ大工のように「年俸制」の「業務指名制」にしろや、**あん？**
北辰一刀流

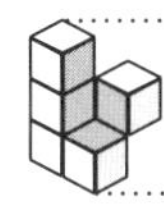

1 - 2. 設計見積りの求め方

設計見積りとは、項目 1 - 1 - 1 の記載を復習すると、「設計見積りとは、図面も現物もない設計段階で、およそいくらであるかの原価を算出すること」です。実務において、どのようなシーンで使うのかと言えば、……

① 100 円ショップの企業から、ブックエンドの製造を委託された場合、原価 33 円で製造可能な板金製ブックエンドか、樹脂製ブックエンドかを検討するとき。
② 競合商品と価格で勝負するとき、低コスト化案のコストダウン効果を見積るとき。
③ トラブル対策で設計変更するとき、コストへの影響を算出するとき。
④ 新商品の開発時、試作費用を含む開発費や企業利益を算出するとき。
⑤ QCDPa[注]を問う設計審査のとき。

注：Q（Quality、品質）、C（Cost、コスト）、D（Delivery、期日）、Pa（Patent、特許）のこと。

⑥ 検図のとき。とくに、試作図面の検図のとき。

チョ、ちょいと待っておくんなせぃ！

そんじゃ聞くが**よぉ**、上の⑤、⑥は設計見積りもできねぇで**よぉ**、一体、どうやって審査していたか、正直に言ってもらおうじゃねぇ**かい？**

ガハハァ……厳さん！
コストに関しては、何もやっていません。だって、わからないですよ。

わからないものは、「**しょうがない**」、「**仕方がない**」ですよ。

困りましたね。

職人として、戦うことができるのでしょうか？ グローバル化やモノづくりが、このような状況で成り立つのでしょうか？

実はさらに困ったことがあります。それは、日本の機械工学の専門書は、「技術者の四科目」と言われているQ（Quality、品質）、C（Cost、コスト）、D（Delivery、期日）、Pa（Patent、特許）のうち、主にQしか記載がないのです。

たとえば、よく使われる機械材料にステンレス（JIS名：SUS×××）がありますが、……

① 一般的にステンレス材は、鋼板より高い。
② SUS430は、SUS304よりも安い。
③ SUS316は、医療機器などの採用される耐食性良好なステンレス材であるが、ステンレス材料の中でも高価格な材料である。

などの記述が散見されます。

しかし、1円でも安い卵を買い求める節約上手な主婦もいれば、1億円単位で安く買いたたくと言われているM&A（企業の合併や買収の総称）の専門家もいます。「高い、安い」の抽象的表現では、技術の職人は生きてはいけません。

1-2-1. 設計見積りの実務公式集

この先、簡単にですが、技術の職人が食べていける設計見積りの方法を案内します。詳細は、**図表1-2-1**に示す書物などで自己研鑽（じこけんさん）しましょう。その努力は語学よりはるかに簡単です。

設計見積りに適した参考資料/書籍	設計情報/分野
ついてきなぁ！材料選択の『目利き力』で設計力アップ	・板金、樹脂、切削用材料に関するコスト情報 ・板金、樹脂、切削用材料に関する特性と用途
ついてきなぁ！加工知識と設計見積り力で『即戦力』	・板金加工の基礎知識とコスト見積り ・樹脂成形の基礎知識とコスト見積り ・切削加工の基礎知識とコスト見積り
ついてきなぁ！加工部品設計の『儲かる見積り力』大作戦	・ヘッダー加工の基礎知識とコスト見積り ・表面処理の基礎知識とコスト見積り ・ばね加工の基礎知識とコスト見積り ・ゴム成形の基礎知識とコスト見積り

図表1-2-1　自己研鑽のための設計見積り関連図書

子供の頃、補助車を付けた四輪の自転車も、いつの間にか二論で走れるようになりました。その努力と時間さえあれば、設計見積りなど簡単な修行です。

修行に必要なものは、能力ではなく努力だけです。

その努力の一つ目が、**図表1-2-2**に示す設計見積りに関する実務公式集の理解と訓練（練習）です。

【公式 1 - 2 - 1】

a：設計見積り ＝ 材料費 ＋ 加工費

b：設計見積り ＝ 材料費 ＋ 加工費 ＋ 1 個当たりの型費

補足 1：上記a、bは企業で決めているが、本書は、「b」を採用する
補足 2：加工費とは、ほぼ、人件費に相当する。（加工費≒人件費）
補足 3：公式 1 - 2 - 1 の設計見積りは、部品費を意味する。組立費の設計見積りは、「組立時間×工賃」となる。詳細は、後述する事例で解説する。

【公式 1 - 2 - 2】

樹脂材料費 ＝	体積×	（C ＋ α）	× β × 10^{-3}
（単位：指数）	（mm^3）	（コスト係数 ＋ 着色）	（ガラス入り）

補足：単位は指数となっているが、「円」として把握してもよい。以下、同様。

【公式 1 - 2 - 3】

板金材料費 ＝	体積 ×	C × 10^{-3}
（単位：指数）	（mm^3）	（コスト係数）

【公式 1 - 2 - 4】

加工費 ＝ 基準加工費（ロット 1000）×ロット倍率
（単位：指数）

補足：基準加工費とは、ロット 1000（個、本）のときの加工費

【公式 1 - 2 - 5】

1 個当たりの型費 ＝ 各種の型費データから読みとる型費/ロット数
（単位：指数）

図表 1 - 2 - 2　設計見積りの実務公式集

ただし、ここで注意が必要です。

項目1-2の冒頭で、設計見積りとは「図面も現物もない設計段階で、およそいくらであるかの原価を算出すること」と解説しました。一方、前出の図表1-2-2に記載される設計見積りとは部品費です。組立前のバラバラの部品、その原価（＝コスト）です。

一方、部品を組立てるための見積りも存在し、それを「設計見積りによる組立費」や「組立費の設計見積り」と呼び、以降は「組立費」と記述します。組立費の算出は、本書のテーマのひとつであり、この後、詳述します。

設計見積りとは、部品費であり、組立前のバラバラの部品、その原価である。また、部品を組立てるための設計見積りを「組立費」と呼ぶ。

ちょいと茶でも……

間違いだらけの設計教育

「設計とは2割が製図、8割が設計の仕込み」と、世界共通で言われています。しかし、日本の学校や企業研修では、「いきなり製図」です。しかも、**図表1-2-3**に示すように日本の機械専門書からして、「設計書」の記載がありません。「設計審査」すら、その記述がありません。

これでも、ISO90001取得
不思議の国、日本。不思議の国の日本企業

機械工学の学校教育は、学問中心の教育プログラムで構築されています。就職先が研究所の場合、これらの学問は多いに役立つのですが、設計部や製造部への配属となると疑問が残ります。

学問は役に立たない？？？……とんでもない！これは前代未聞の暴言となるでしょう。

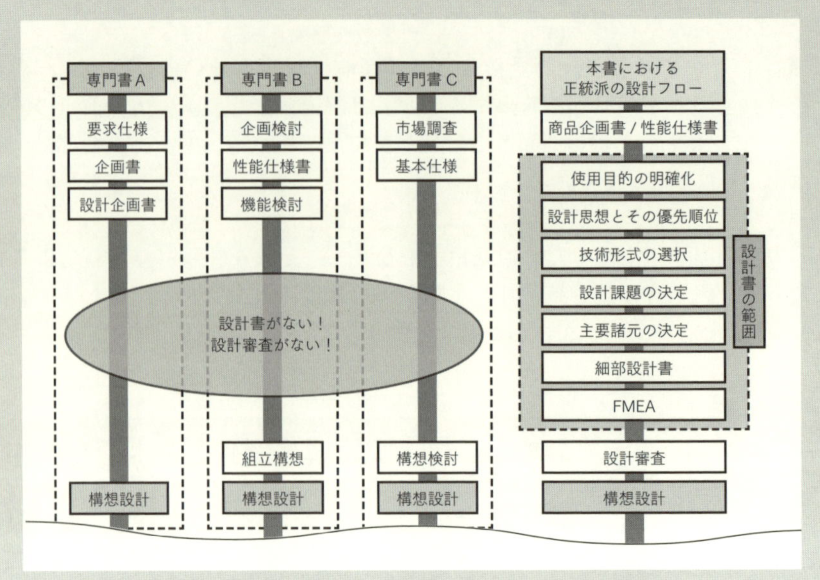

図表 1-2-3　間違いだらけの設計フロー（設計工程）

学問が役に立たないのではなく、実務教育が成されていません。その証拠に、企業の配属先部門では、「図面が読めない、描けない」の学卒や院卒で溢れ返っています。

なるほど！だから「いきなり製図」

さて、**図表1-2-4**は、筆者が指導しているクライアント企業における「設計業務の内訳」です。円グラフの各要素に、学校の教育プログラムを当てはめてみてください。おそらく、「実験/評価：20%」と「構想図/製図：18%」の合計38%でしょう。それでは、残りの62%は誰が指導するのかというのが課題です。答えは企業であり、企業が委託する外部研修です。

ところが、企業内での研修では全く網羅されていません。これでは、新人設計者の成長が見込まれません。

ちょいとは、大工の修行を見習えってもんだ**ぜい！**

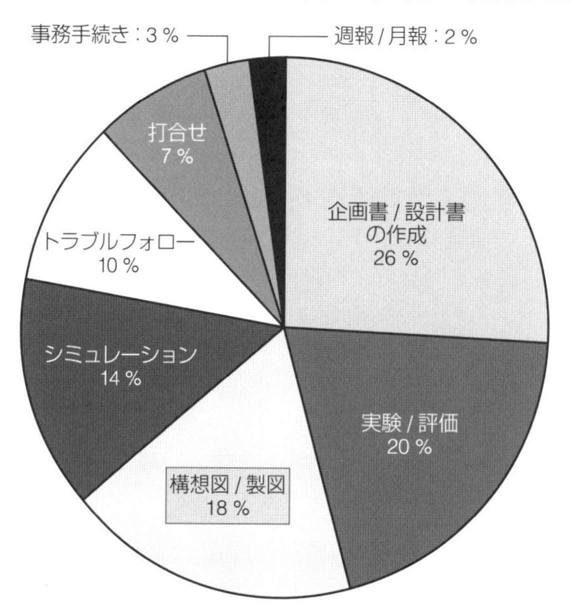

補足：この円グラフは、当事務所が指導しているクライアント企業での内訳である。ムダの多い企業では「企画／設計書の作成」の項目もなく、「トラブルフォロー」と「打合せ」で50％以上を占めている。

図表1-2-4　設計業務の内訳

「設計とは2割が製図、8割が設計の仕込み」と言われています。企業内研修においては、「前者2割の強化と、残り8割の企業別プログラム」の設計者教育が必要なのです。

間違いだらけの設計教育：公差計算と原価見積り

当事務所のクライアント企業で二つの誤解がありました。それは、機械工学ではなく、数学の統計学に基づく公差計算のセミナー。もうひとつが、原価管理部が実施するような、減価償却費や輸送費、為替変動や利管費（倉庫における部品や商品の管理費用）などの単語が登場する原価計算セミナーでした。

これらは、コンビニへ弁当を買いに行くとき、ヘリコプターを使用するようなものです。設計者に必要な力量は、原価計算ではなく、図面を描く前のおよそのコスト（原価）概算できる、つまり、設計見積り力です。教育関係者も「現地」、「現場」のリサーチが必要です。

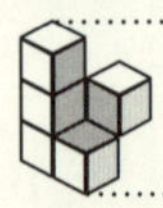

1-3. 事例：百円ショップの樹脂製ブックエンドの設計見積り

筆者は度々、次のような経験に遭遇します。それは、……。

クライアント企業のゲスト審査員として、設計審査に出席することがあります。そこで、その商品のQ（Quality、品質）には時間をかけて議論をかわし審査するのですが、C（Cost、コスト）となると「まぁ、いいか」や「とりあえず」で終了。ほとんどの企業でコストに関して審査されていないのです。少しの議論があるとすれば、スクリーン上にコスト目標の欄があり、「○×△」の評価が記述されています。この「○×△」は、設計者の感覚的な評価であり、何の根拠もありません。したがって、審査ができません。

グローバルで戦うには、大雑把でもよいからコストを「数値」で答える必要があります。これが設計見積りという行為です。以降は、**図表1-3-1**に示した樹脂製ブックエンドのコストを見積ってみましょう。

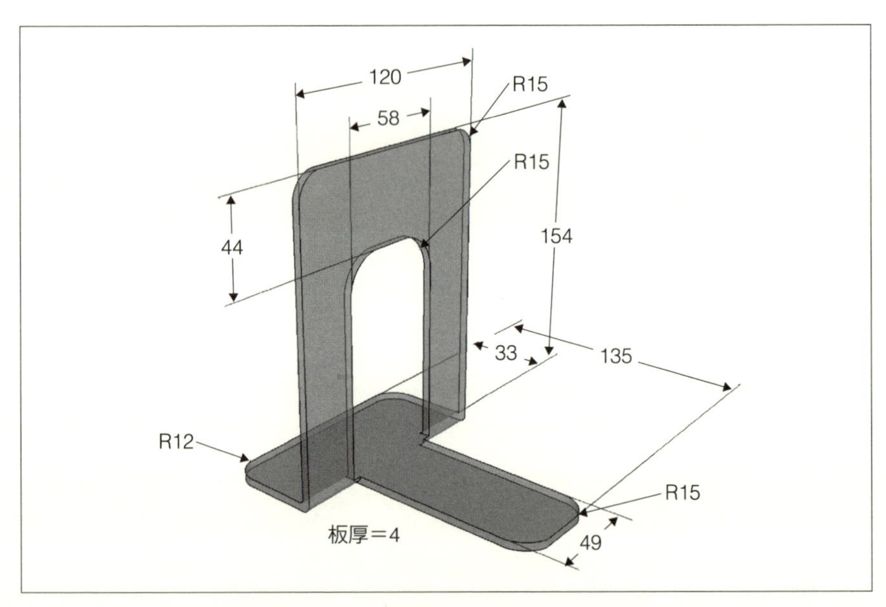

図表1-3-1　樹脂製ブックエンドの外観寸法

【見積り条件】

① ロット数：50,000個
② 材質：PS（ポリスチレン）（透明ピンク色、板厚＝4 mm）
③ 射出成形で製造する。

1-3-1. 事例：樹脂製ブックエンドの材料費を見積る

それでは、樹脂製ブックエンドの材料費の解説に入ります。**図表1-3-2**は、樹脂部品の材料費を見積るのに必須の材料データです。

材料名称	一般/汎用材 コスト係数：C	着色係数 （Cに加算：α）	ガラス入りなど 特殊仕様 （倍率：β）	注意
PE	0.32	0.09	1.65	・世界情勢で変化する。 ・特に、BAMやRoHS対応に注意すること。 ・国内でもばらつきあり。 ・韓国、中国、香港など都度、調査の必要がある。
PP	0.32	0.09		
PS	0.35	0.10		
ABS系	0.32	0.11		
PC	0.60	0.12		
POM	0.54	0.14		
HIPS	0.35	0.10		
アクリル（PMMA）	0.48	0.12		

【公式1-2-2】（再掲載）

樹脂材料費＝体積×（C+α）×β×10^{-3}

（単位：指数）（mm^3）（上表）（上表）

補足：単位は指数となっているが、「円」として把握してもよい。

図表1-3-2　各種樹脂材料と材料費の公式

出典：ついてきなぁ！加工知識と設計見積り力で『即戦力』（日刊工業新聞社刊）

図中以外の材料で、そのコスト係数を知りたい場合は、図表1-2-1に示した書籍「ついてきなぁ！材料選択の『目利き力』で設計力アップ」を参照してください。

ここで、食材と機械材料の相違について述べておきましょう。

食材と言えば、小麦粉、豚肉、牛肉、野菜などであり、世界中でその価格（値段）に差異があります。関税（関税率）も無視できない大きな要因です。そこで、あの有名なハンバーガーの日本法人は、世界中から最も安い牛肉やゴマを週ごとに大量調達して低コスト化に努力しています。

一方、大雑把な表現ですが、機械材料は世界中で「ほぼ同じ価格」です。中国の鉄鋼が安いという表現がありますが、それは中国政府が中国の鉄鋼メーカーを支援しているからです。支援はいつまでも続くものではありません。

また、日本における関税（関税率）も食材ほどの値ではありません。「輸入統計品目表（実行関税率表）」を検索ワードに、Webチェックしてみてください。

設計見積りにおいて、材料費は世界中、ほぼ同価格である。

誰だってよぉ、高級材で建造物をつくりたい**ぜい**。
しっかし今はよぉ、一般材で最高の建造物を作るのが、一流の大工だぜぃ！
それには、材料コストの算出は大工なら当たり前の作業だろ**があ**。

厳さん！同感です。
僕は、「**ついてきなぁ！**」シリーズで仲間といっしょに勉強していまぁ～す。

それでは、樹脂製ブックエンドの材料費を算出してみましょう。

【材料費】

① 体積＝85,520 mm^3（図表1-3-1より）

② コスト係数＝0.35（図表1-3-2より）

③ 着色係数＝0.1（図表1-3-2より）

④ ガラス繊維などは入れないので、$\beta = 1$

図表1-2-2の公式1-2-2から、……

材料費＝体積×(C＋α)×β×10^{-3}

＝85520（mm^3）×(0.35＋0.1)×1×10^{-3}

＝38.5 指数（円）

1-3-2. 事例：樹脂製 ブックエンドの加工費を見積る

再度、図表1-2-2の公式集にある公式1-2-1を見てみましょう。下記に抜粋しておきました。

b：設計見積り＝材料費＋加工費＋1個当たりの型費（公式1-2-1の再掲載）

単純計算の「材料費」の次は、樹脂製ブックエンドの加工費を算出します。**図表1-3-3**と**図表1-3-4**は、樹脂部品の加工費を見積るための必須データです。

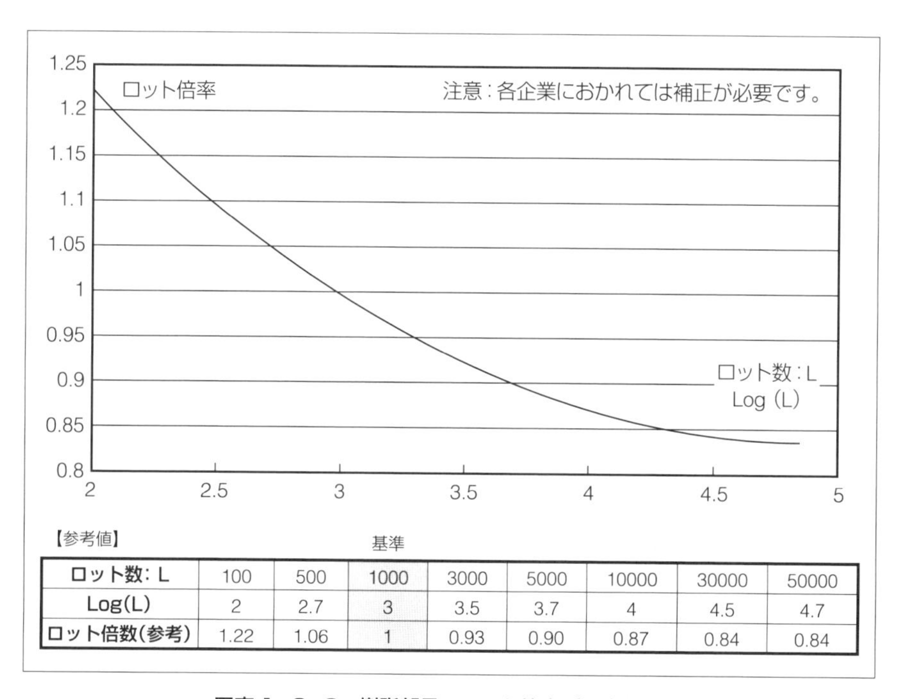

ロット数：L	100	500	1000	3000	5000	10000	30000	50000
Log(L)	2	2.7	3	3.5	3.7	4	4.5	4.7
ロット倍数(参考)	1.22	1.06	1	0.93	0.90	0.87	0.84	0.84

図表1-3-3　樹脂部品のロット倍率（量産効果）
出典：ついてきなぁ！加工知識と設計見積り力で『即戦力』（日刊工業新聞社刊）

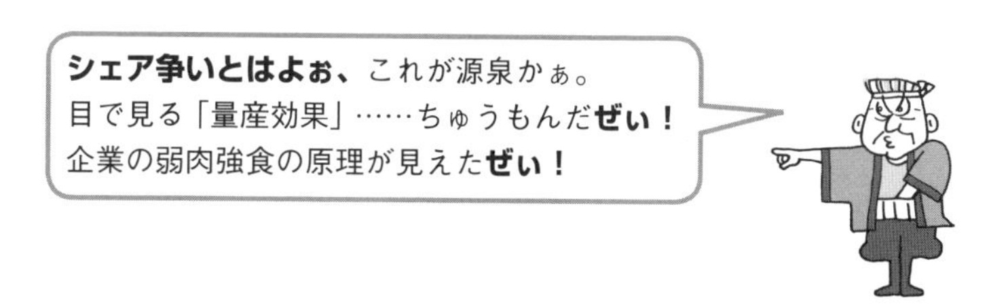

シェア争いとはよぉ、これが源泉かぁ。
目で見る「量産効果」……ちゅうもんだ**ぜぃ！**
企業の弱肉強食の原理が見えた**ぜぃ！**

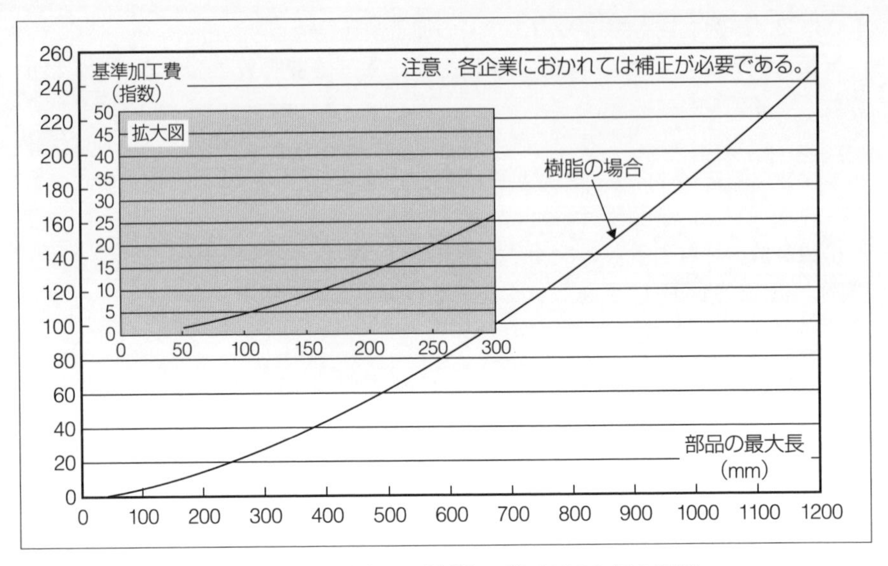

図表 1-3-4　樹脂部品の基準加工費（1000 個の場合）
出典：ついてきなぁ！加工知識と設計見積り力で『即戦力』（日刊工業新聞社刊）

ここで、加工費について復習しておきましょう。

設計見積りにおける「加工費」とは、加工現場の「人件費」のことです。つまり、工賃であり給料です。

トホホ……
給料が上がるとうれしいけど、
給料が上がるということは、
工賃が上がり、部品代が上がるってことですよね、厳さん？

オイ、まさお、その通りだぜぃ！
部品代が上がるってことは**よぉ**、
注文もこなくなるとうことだぁ。
んだからよぉ、設計職人なら先を
読め！

多くの日本企業が中国やタイやベトナムなどに生産拠点を移したのは、この低い人件費で成り立つ加工費を追求したことがその理由です。

ある有名な日本の新聞社が、中国へ進出した日本企業を調査しました。なんと、その60%が進出失敗という結果です。その失敗した企業のほとんどが、加工費を下げる必要のない企業、もしくは加工費を下げられなかった企業でした。

一方、成功した企業とは、見積りの多くを加工費が占めている業種です。その代表格が、縫製作業がある衣服のU（ブランド名）です。

次に、ロット数と量産効果について解説しておきます。

ロット数とは、例えば1,000個/月という具合に1ヶ月で1,000個生産する場合や注文するときに、一度の発注で1,000個製作という意味です。

図表1-3-3で、ロット10,000個の場合のロット倍率を求めると、Log10,000＝4ですから、グラフより0.87と読めます。つまり、ロット1,000個の注文時の加工費を「1」とするとロット10,000では13%引となります。これが量産によるコスト低減効果、つまり、量産効果です。

身近な例で言えば、スーパーなどで1つのリンゴを買うよりも、一袋5個入りのリンゴの方が単価は安くなるというのと同じと考えます。前者のリンゴが150円、後者は5個で500円という具合です。先ほどの例に戻れば、ロット数とは、一袋5個入りの「一袋」に相当します。

それでは、図表1-3-3と図表1-3-4を使って、樹脂製ブックエンドの加工費を算出してみましょう。

設計見積りの加工費において、ロット倍率と量産効果の理解が必要である。

【樹脂製ブックエンドの加工費】

図表1-3-3から、ロット50,000のロット倍率は0.84と読めます。一方、図表1-3-4の横軸における最大長は、図表1-3-1より154＋4＝158 mmです。したがって基準加工費は、6指数（円）と読めます。

図表1-2-2の公式1-2-4から、
加工費＝6×0.84＝5.0指数（円）……となります。

1-3-3. 事例：樹脂製 ブックエンドの型費を見積る

最後は、型費を求め、「1個当たりの型費」を見積ります。

図表1-3-3に示した樹脂部品のロット倍率、および、図表1-3-4の基準加工費データ同様に、下の**図表1-3-5**は型費を見積るための必須データです。

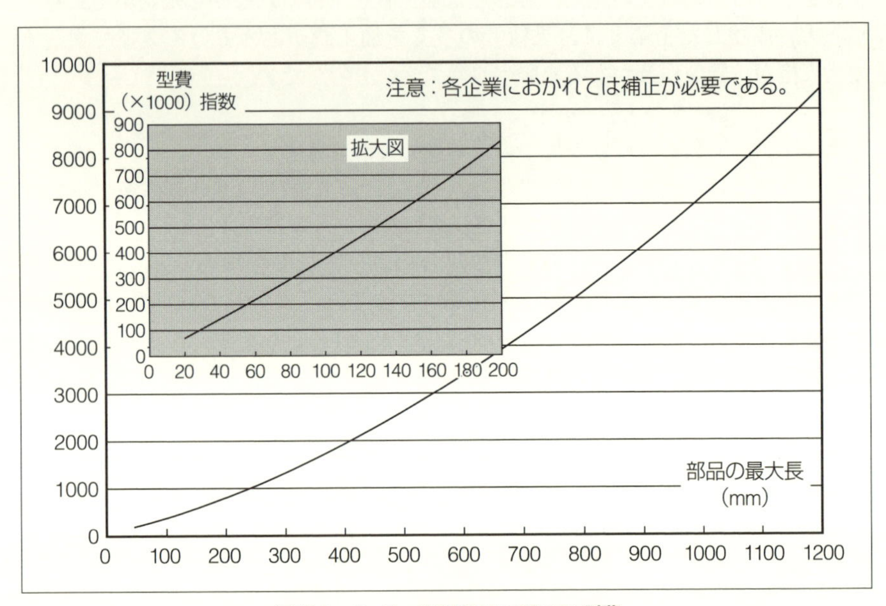

図表1-3-5　樹脂部品に関する型費

出典：ついてきなぁ！加工知識と設計見積り力で『即戦力』（日刊工業新聞社刊）

【樹脂製ブックエンドの型費】

最大長は158 mmですから、図表1-3-5から型費は、600,000指数（円）と読めます。

1台当たりの型費＝600,000/50,000 ＝ 12指数（円）となります。

【まとめ：樹脂製ブックエンドの設計見積り】

図表1-2-2の公式1-2-1から、

b：樹脂製ブックエンドの設計見積り＝材料費＋加工費＋1個当たりの型費

＝38.5 ＋ 5 ＋ 12 ＝ 55.5指数（円）

1-3-4. 事例：なぜ、樹脂製 ブックエンドが中国生産なのか？

図表1-1-1の公式1-1-1を覚えていますか？

「原価×3＝定価」でした。前述、樹脂製ブックエンドの原価（設計見積り）が、55.5円ならば、定価＝55.5×3＝167≒170円になってしまい、少なくとも100円ショップでは販売できません。100円ショップで販売するためには、原価＝100×1/3＝33円以下にしなくてなりません。どうしたらよいでしょうか？ 図表1-2-2の公式1-2-1を、再度見てみましょう。

まず、「材料費」ですが、項目1-3-1の「組立/現地化力」のポイントでは、「設計見積りにおいて、材料費は世界中、ほぼ同価格である。」と記述しました。また、図表1-3-2に記載したコスト係数を見ても、樹脂材料別のコスト差はほとんどありません。したがって、材料は変更せず、「PS（ポリスチレン）（透明ピンク色、板厚＝4 mm）」のままとします。

次に加工費です。

図表1-2-2では、「加工費≒人件費」と記載されています。そこで、生産地に中国を選択してみましょう。第2章で詳しく解説しますが、中国の工賃は日本企業の1/10です。したがって、加工費（中国）＝(6×0.84)/10＝0.5指数（円）……となります。

最後は型費です。

実は、型の材料とは特殊な金属ではなく、アルミまたは、鋼材であり金型用と言っても汎用の金属です。したがって、型費とは人件費が大半を占めますので、型費は、600,000/10＝60,000指数（円）となります。

1台当たりの型費（中国）＝60,000/50,000＝1.2指数（円）となります。

【まとめ：樹脂製ブックエンドの設計見積り（中国生産の場合）】

b：樹脂製ブックエンドの設計見積り＝材料費＋加工費＋1個当たりの型費
＝38.5＋0.5＋1.2＝40.2指数（円）

目標原価の33円には届きませんでしたが、販売は可能です。詳しくは、項目2-3で解説します。

設計が終わり、図面を描いてから生産地を考える？……これではグローバルで戦えない。生産地は、設計見積り段階で考慮する。

1-3-5. 部品のロット倍率（量産効果）の作り方

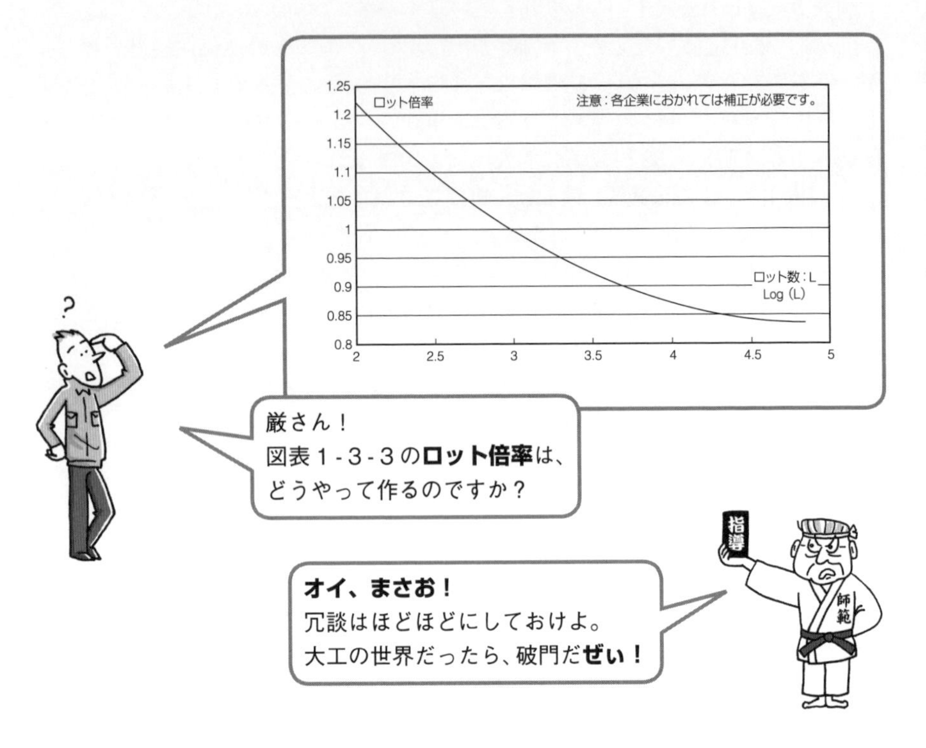

ロット倍率
注意：各企業におかれては補正が必要です。
ロット数：L
Log（L）
1.25
1.2
1.15
1.1
1.05
1
0.95
0.9
0.85
0.8
2
2.5
3
3.5
4
4.5
5
?
厳さん！
図表1-3-3の**ロット倍率**は、
どうやって作るのですか？
オイ、まさお！
冗談はほどほどにしておけよ。
大工の世界だったら、破門だ**ぜい！**
指導
師範

当事務所のクライアント企業で、度々、低コスト化会議が開催されます。その場で「量産効果」、「量産効果に期待しよう！」と言う具合に「量産効果」の単語が何度も出現しますが、それを具体的説明できる技術者はほぼ皆無です。

実は図表1-3-3のロット倍率、別名、量産効果は初めて目で見るグラフと思います。ただし、これは、樹脂の射出成形の場合であり、横軸は、100、1000、10000、50000（個、本）という中程度から大量生産向けのグラフです。

それでは早速、まさお君の質問に移りましょう。まさお君の質問は、以下の三つです。

【質問】

① 樹脂部品のロット倍率ですが、すべての樹脂材料で適用できますか？

② この図表は、どのように作るのですか？

③ ロット数ですが、横軸がLogではない、単純に5個、10個、20個などのグラフはありますか？

まず、①の回答です。

PMMA（アクリル）、PP（ポリプロピレン）、PC（ポリカ、ポリカーボネート）、PS（ポリスチレン）、ABS（通称ABS樹脂）、POM（ポリアセタール）など、特殊ではない汎用材料の設計見積りの場合に適用できます。ただし、当事務所のクライアント企業では、厳密な原価見積りの場合は、樹脂別のデータを自社で作成しています。

次は②の回答です。

当事務所のクライアント企業の場合では、……

A）資材/調達部：2名
B）設計部：2名
C）製造部：2名

この活動は、合計5～6名のタスクチームを結成してから推進します。

チームの発足後、17：00～19：00の残業時間を利用して、以下に示す約3～4か月間で作成できます。

D）1カ月目：チームが見積りたい代表的な部品の図面を数点用意する。
　一方、見積り依頼先の部品製造企業も数社選定する
E）2か月目：部品製造企業に見積りを依頼し、待つこと1カ月。
F）3か月目：データ解析する。グラフを作成する。

才能も努力もいりません。やるかやらないかの意思だけです。

最後は③の回答です。

前述のD）のとき、「5個、10個、20個」の少数ロットを得意とする企業を選定します。また、E）のとき、「5個、10個、20個」の場合、5個以下と20個以上のデータも見積り依頼します。D）の企業選定が重要な作業です。

このロット倍率、別名、量産効果は企業の調達部や原価管理部を中心に「データテーブル」と呼ぶ場合もあります。データテーブルとは、数学や統計学などで使われる単語ですが、とくに、前述の調達部では協力企業との仕入れ値交渉に使います。

データテーブル無き企業は、値切り交渉無き「言い値」で購入することになり、いつまでも低コスト化が実現しない。

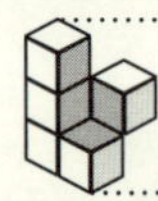

1-4. 事例：百円ショップの 板金製 ブックエンドの設計見積り

前項の樹脂製ブックエンドに代わって、本項では**図表 1-4-1** の板金製ブックエンドの設計見積りを解説します。

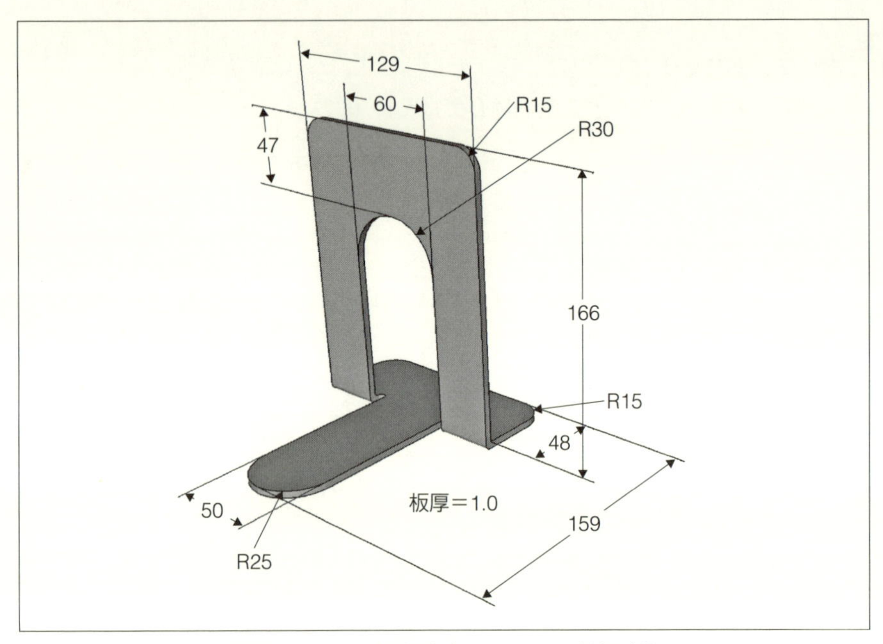

図表 1-4-1　板金製ブックエンドの外観寸法

【見積り条件】

① ロット数：50,000 個
② 材質：SPCC、板厚＝ 1.2 mm
③ 単発型プレス機で製造する。
④ 表面処理として、ニッケルめっきを施す。

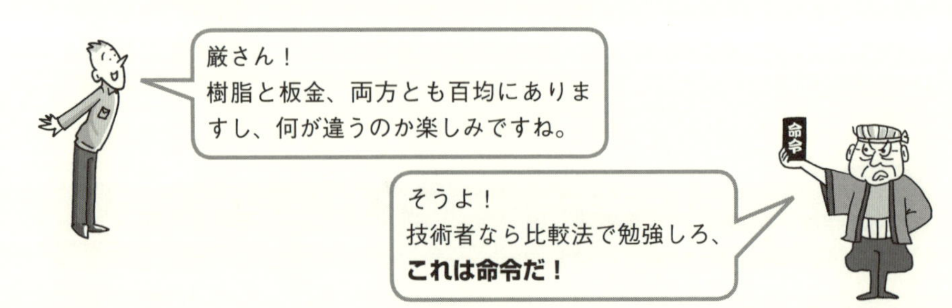

1-4-1. 事例：板金製 ブックエンドの材料費を見積る

それでは、板金製ブックエンドの材料費の解説に入ります。**図表1-4-2**は、板金部品の材料費を見積るのに必須の材料データです。

材料名称	コスト係数：C	注意
SPCC	0.75	・世界情勢で大幅に変化する。 ・特に、ステンレス系の価格に注意すること。 ・国内でもばらつきあり。 ・韓国、中国、香港など都度、調査の必要がある。
SECC	0.75	
SUS430	2.25	
SUS304	3.38	
SUS304CSP	4.13	
ボンデ鋼板	1.13	
A1100P	3.65	
A5052P		

【公式1-2-3】（再掲載）

材料費　＝　体積　× C × 10^{-3}

（単位：指数）（mm^3）（上表）

補足：単位は指数となっているが、「円」として把握してもよい。

図表1-4-2　各種板金材料と材料費の公式

出典：ついてきなぁ！加工知識と設計見積り力で『即戦力』（日刊工業新聞社刊）

図中以外の材料で、そのコスト係数を知りたい場合は、図表1-2-1に示した書籍「ついてきなぁ！材料選択の『目利き力』で設計力アップ」を参照してください。

次に、板金の材料見積りに特有の「展開図」が必要です。**図表1-4-3**は、板金製ブックエンドの展開図です。展開図とは、洋裁学校で習う「型紙」のこと。この型紙なくして、ワイシャツやスーツ、ブラウスやスカートなどの衣服は製造できません。洋服に型紙が存在して、板金に展開図がないはずがありません。

型紙なくして、ワイシャツやスーツなどの衣服は製造できない。板金部品の型紙を展開図という。

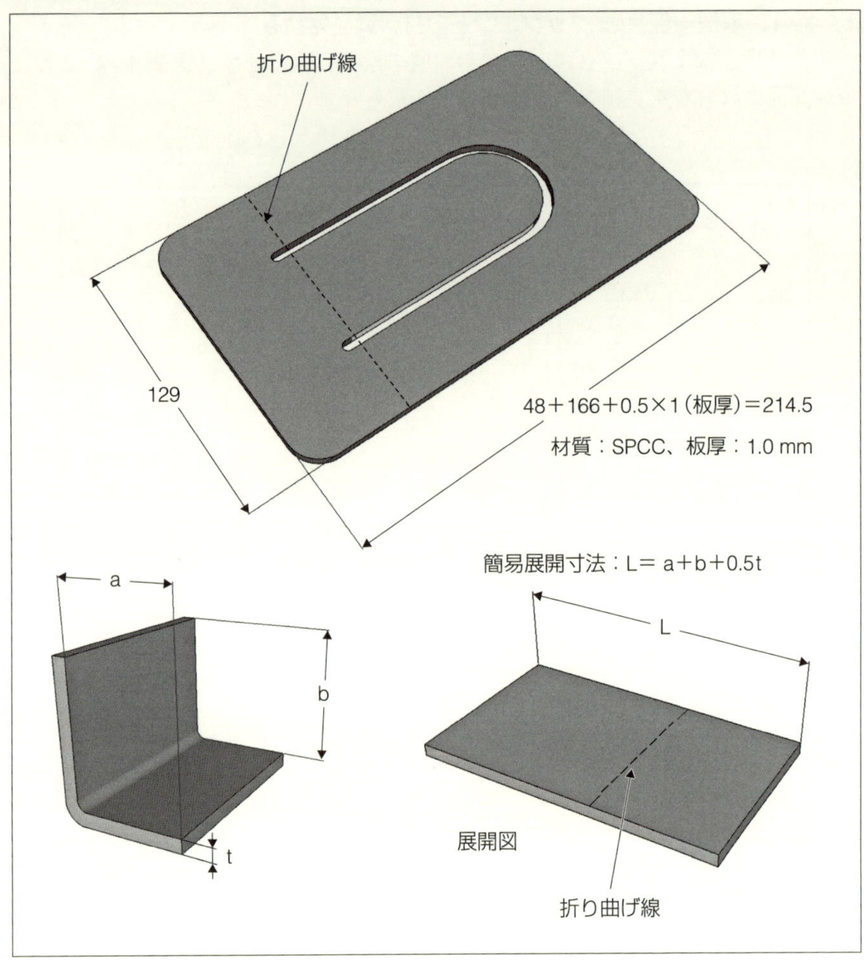

図表１-４-３　板金製ブックエンドの展開図

図表1-4-3の図中には、展開寸法を求める略式が掲載されています。それでは、この式を使って、板金製ブックエンドの材料費を算出しましょう。

【材料費】

① 体積＝27670 mm^3（図表1-4-3より）

② コスト係数＝0.75（図表1-4-2より）

図表1-4-2に再掲載した公式1-2-3から、……

材料費 $=$ 体積 $\times C \times 10^{-3}$

$= 27670$（mm^3）$\times 0.75 \times 10^{-3}$

$= 20.8$ 指数（円）

厳さん、**SPCCは安いけど、ステンレスは、ずいぶん高い**ですね！

オイ、まさお！
「高い安い」は、素人のセリフだぜぃ。プロの**設計職人ならよぉ**、何円とか何倍とかで答えろ！

1-4-2. 事例：板金製ブックエンドの加工費を見積る

板金部品の加工費を求めるためには、板金加工独特の「工程表」を作成しなくてはなりません。工程とは、**図表 1-4-4** に示す一作業一加工のことです。

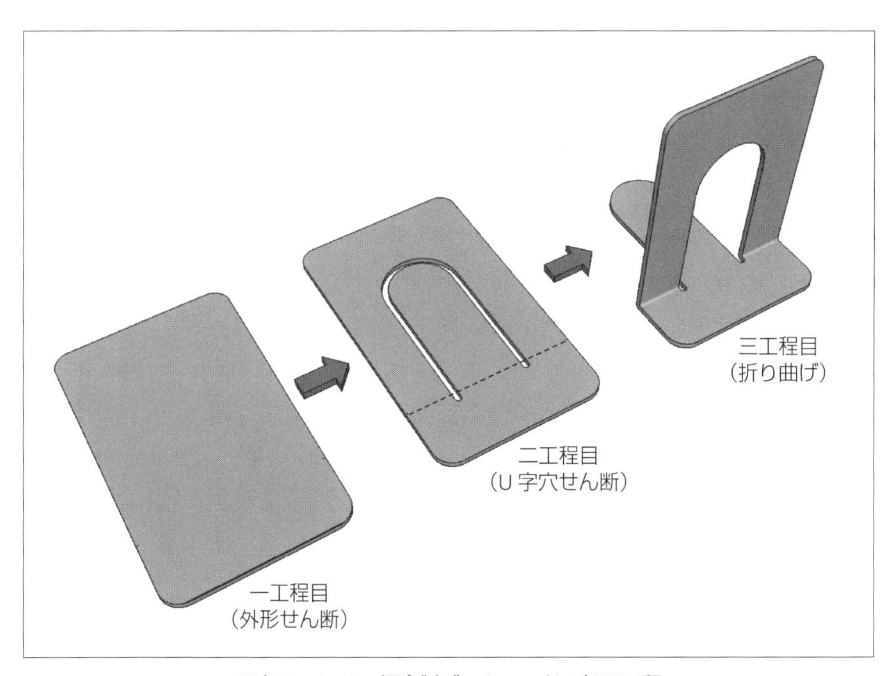

図表 1-4-4　板金製ブックエンドの加工工程

【工程表を作成する】

図表1-4-4を基に、**図表1-4-5**の工程表を作成しました。この場合、U字穴や丸穴は1個でも2個でも、また角穴があっても工程は「1」となります。

No.	加工名	工程数		備考
		せん断	曲げ	
①	外抜き	1	—	
②	U字穴	1	—	
③	曲げ	—	1	
④	—	—	—	
⑤	—	—	—	
合計		2	1	

図表1-4-5　板金製ブックエンドの工程表

板金部品は、工程表を作成できないと「設計見積り」ができません。工程表に関する詳細は、書籍「ついてきなぁ！加工知識と設計見積り力で『即戦力』」(日刊工業新聞社刊）を参照してください。

板金部品は、工程表を作成できないと「設計見積り」ができない。

【ロット倍率を求める】

次に、樹脂部品同様のロット倍率（量産効果）を**図表1-4-6**に示します。

この図表は「単発型」を用いた場合のロット倍率です。大量生産の場合は、「順送型」で製造しますが、このときのロット倍率は、書籍「ついてきなぁ！加工知識と設計見積り力で『即戦力』」を参照してください。

一方、逆に生産数量が少ない場合は、「プレスブレーキ」や「レーザー切断機（レーザー加工機)」や「タレットパンチ」などの型不要の加工法を採用します。このときの、ロット倍率は、項目1-3-5「部品のロット倍率（量産効果）の作り方」で求めます。

繰り返しますが、設計職人を目指すなら少しの努力、少しの苦労、少しの修行は覚悟してください。

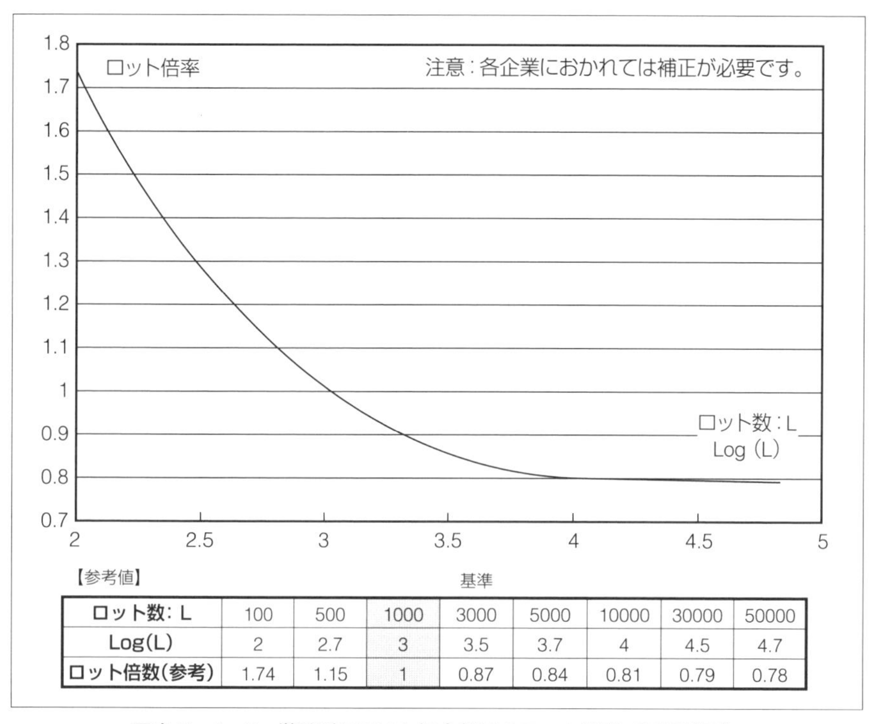

【参考値】

基準

ロット数：L	100	500	1000	3000	5000	10000	30000	50000
Log(L)	2	2.7	3	3.5	3.7	4	4.5	4.7
ロット倍数(参考)	1.74	1.15	1	0.87	0.84	0.81	0.79	0.78

図表 1-4-6　単発型を用いた板金部品のロット倍率（量産効果）
出典：ついてきなぁ！加工知識と設計見積り力で『即戦力』（日刊工業新聞社刊）

さて、項目1-4に記載された見積条件で、板金製ブックエンドのロット数は50,000個でしたから、図表1-4-6から、そのロット倍率は、0.78となります。

厳さん、図表1-4-6の板金部品のロット倍率は、図表1-3-3の樹脂の場合よりも急激なカーブですね！

オイ、まさお！
いいところに気が付いたじゃねぇかい。
技術者はよぉ、**比較法で勉強**しろってもんよ、あん？
これが設計実務だぁ！

次に、基準加工費を**図表1-4-7**に示します。

この図表は「単発型」と「順送型」を併記してありますが、板金ブックエンドの見積条件は、単発型を使っての製造と仮定しているのでこちらを解説します。

まず横軸ですが、これは$\sqrt{面積}$で、「るーとめんせき」と呼びます。板金部品の展開図における表面積の平方根を意味します。

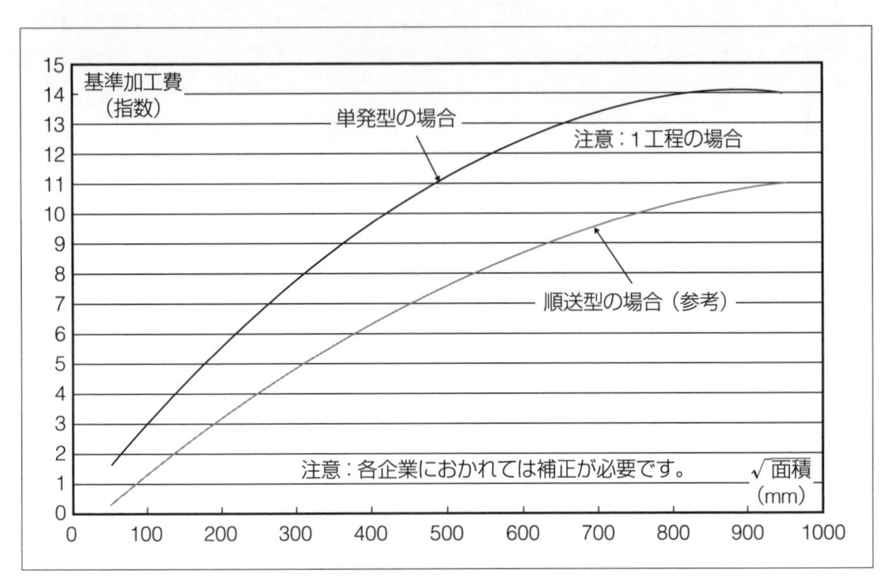

図表1-4-7　板金プレス型を用いた場合の基準加工費（1000個の場合）
出典：ついてきなぁ！加工知識と設計見積り力で『即戦力』（日刊工業新聞社刊）

図表1-4-3より、

$\sqrt{面積} = \sqrt{129 \times 214.5} = 166.3$となり、単発型の一工程に関する基準加工費は、5指数（円）となります。

ただし、図表1-4-5において、板金製ブックエンドは3工程であるため、
基準加工費（3工程）= 5 × 3 = 15指数（円）となります。

ここで、本項をまとめましょう。

加工費＝基準加工費（三工程）×ロット倍率＝15 × 0.78 = 11.7指数（円）となります。

1-4-3. 事例：板金製ブックエンドの型費を見積る

最後は、**図表1-4-8**を使って、板金製ブックエンドの型費を算出します。見積り条件はロット50,000個で、板金のプレス機は単発型を採用します。

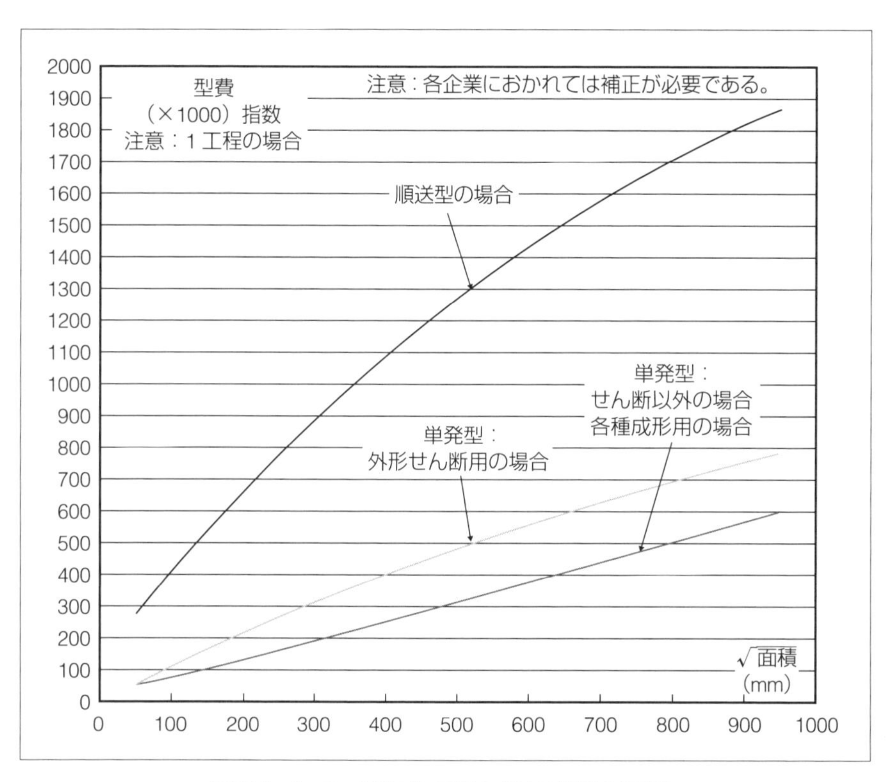

図表1-4-8　板金プレス型のおける型費の見積り
出典：ついてきなぁ！加工知識と設計見積り力で『即戦力』（日刊工業新聞社刊）

【板金製ブックエンドの型費】

$\sqrt{面積}$は166.3ですから、図表1-4-8から、その型費は、

・外形せん断用：180,000 × 2 = 360,000指数（円）
・せん断以外　：120,000 × 1 = 120,000指数（円）

1台当たりの型費＝(360,000 + 120,000) /50,000
　　　　　　　　＝9.6指数（円）となります。

【まとめ：板金製ブックエンドの設計見積り】

図表1-2-2の公式1-2-1から、

b：設計見積り＝材料費＋加工費＋１個当たりの型費

＝20.8 + 11.7 + 9.6 = 42.1 指数（円）

これで終了と思いきや、材料のSPCCは、素材のままでは錆びるため、めっきや塗装などの表面処理を施さなくてはなりません。そこで、項目1-4で記述した板金製ブックエンドの条件に、「④ 表面処理としてニッケルめっきを施す」としました。本書では、ニッケルめっきの設計見積りの解説を省略しますが、見積り値は以下となります。

板金製ブックエンドの一個当たりのニッケルめっき＝0.4 指数（円）となります。詳細は、書籍「ついてきなぁ！加工部品設計の『儲かる見積り力』大作戦」を参照してください。

したがって、前記の板金製ブックエンドの設計見積りは、以下のようになります。

設計見積り（ニッケルめっきを含む）

＝42.1 + 0.4 = 42.5 指数（円）

項目1-3-4における樹脂製ブックエンドの国内生産の設計見積りは、55.5円、それを中国生産にすれば、40.2円となりました。目標は33.3円ですが、これでよし！と判断しました。

一方、本項の板金製ブックエンドですが、国内生産で42.5円となり、とくに中国生産をしなくてもよいと判断しました。詳しくは項目2-3で解説します。

でぇじょうぶかぁ、まさお！
型費の見積りは難しいだろ**がぁ？**

厳さん、大丈夫ですよ。
「ついてきなぁ！加工知識と設計見積り力で『即戦力』」で設計職人を目指していますから！

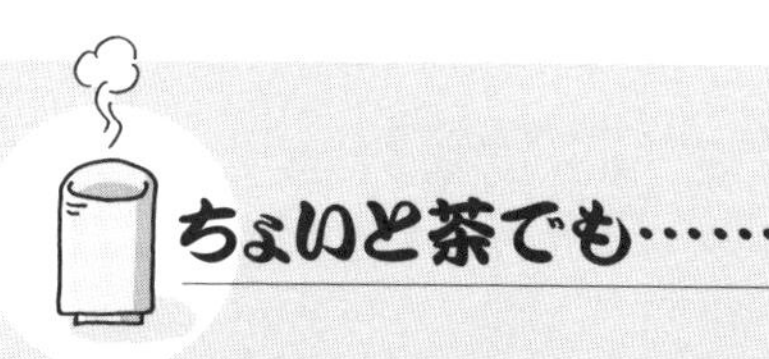

驚愕するめっきのロット倍率（量産効果）

前ページで、「板金製ブックエンドの一個当たりのニッケルめっき＝0.4指数（円）となります。詳細は、別書籍を参照してください」と解説しましたが、ここで、ほんの少しだけ解説しましょう。

図表1-4-9は、驚愕するめっき業界（国内）のロット倍率です。

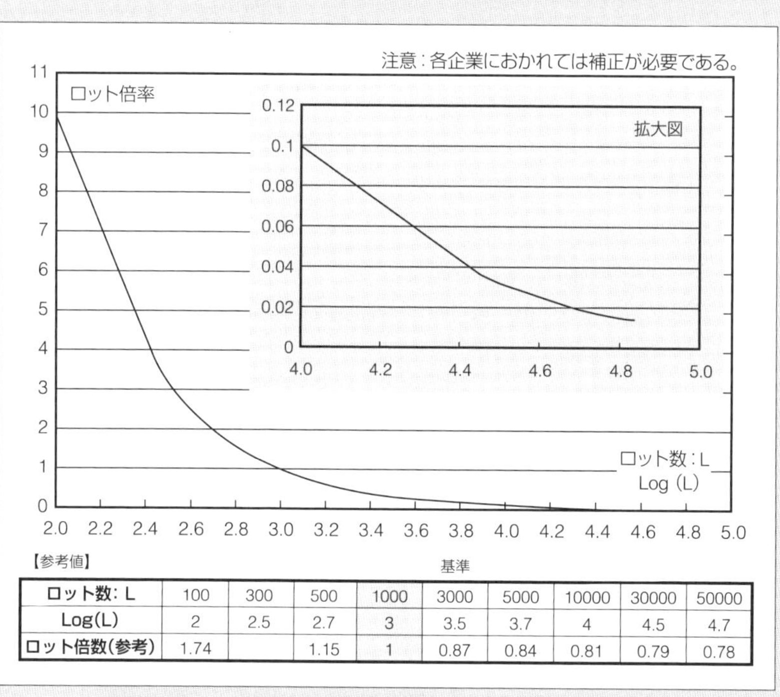

ロット数：L	100	300	500	1000	3000	5000	10000	30000	50000
Log(L)	2	2.5	2.7	3	3.5	3.7	4	4.5	4.7
ロット倍数(参考)	1.74		1.15	1	0.87	0.84	0.81	0.79	0.78

図表1-4-9　亜鉛クロメールトめっきにおけるロット倍率
出典：ついてきなぁ！加工部品設計の『儲かる見積り力』大作戦（日刊工業新聞社刊）

なぜ、驚愕なのでしょうか？

それは、苦労を重ねて量が増えれば、ただ同然の単価であり、数が少なければ客が逃げるほどの高額になるからです。

組立/現地力・チェックポイント

【第１章 本書を理解するための基礎知識】

第１章における「組立/現地力・チェックポイント」を下記にまとめました。理解できたら「レ」点マークを□に記入してください。

〔項目1－1：設計見積りができなければ戦えない〕

① 原価見積りとは、原価計算ともいう。例えばメーカーの場合、現物や図面に基づく原価を算出すること。 □

② 設計見積りとは、図面も現物もない設計段階で、およそいくらであるかの原価を算出すること。 □

③ 組立/現地化力：原価 × ３ ＝ 定価、原価 ＝ 定価 × １/ ３の実務公式がある。 □

〔項目1－2：設計見積りの求め方〕

① 設計見積りとは、部品費であり、組立前のバラバラの部品、その原価である。また、部品を組立てるための設計見積りを「組立費」と呼ぶ。 □

〔項目1－3：事例：百円ショップの樹脂製ブックエンドの設計見積り〕

① 設計見積りにおいて、材料費は世界中、ほぼ同価格である。 □

② 設計見積りの加工費において、ロット倍率と量産効果の理解が必要である。 □

③ 設計が終わり、図面を描いてから生産地を考える？……これではグローバルで戦えない。生産地は、設計見積り段階で考慮する。 □

④　データテーブル無き企業は、値切り交渉無き「言い値」で購入することになり、いつまでも低コスト化が実現しない。　□

〔項目1 - 4：事例：百円ショップの板金製ブックエンドの設計見積り〕

①　型紙なくして、ワイシャツやスーツなどの衣服は製造できない。板金部品の型紙を展開図という。　□

②　板金部品は、工程表を作成できないと「設計見積り」ができない。　□

チェックポイントで70%以上に「レ」点マークが入りましたら、第２章へ行きましょう。第２章では、設計職人に必須の「現地」、「現場」の重要性について解説します。

厳さん！
僕は、「ついてきなぁ！」シリーズで仲間といっしょに勉強していますから、第１章は単なる復習でした。

まさお、よく言ったなぁ！
そんじゃ、本書のテーマである第２章に行く**ぜい！**

第２章
現地化戦略に必要な設計知識

2-1　現地化戦略とは何か？

2-2　生産現場のコスト知識

2-3　事例：海外生産の成功と失敗

2-4　お客様は次工程

〈組立／現地力・チェックポイント〉

オイ、まさお！よく聞け！

オメェ、まさか、**現地（現場）知らねぇでよぉ**
設計しているんじゃねぇだろなぁ、**あん？**
宮本武蔵が、それで勝てたかぁ？

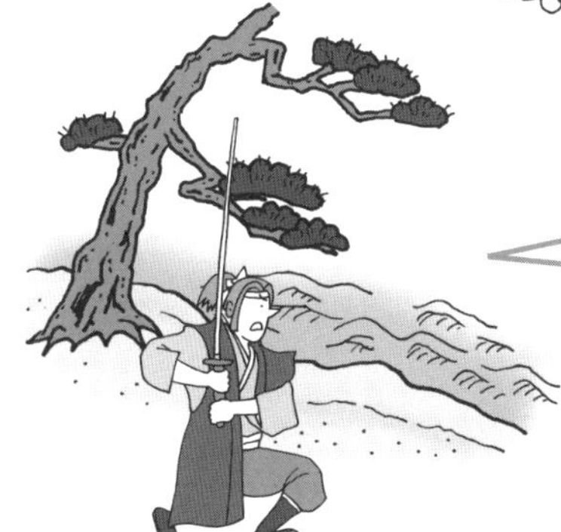

厳さん！実は、……。
一度も生産現場や現地へ行ったことが
ないんですぅ。
だって、会社で**出張禁止**なんですよ。

【注意】
　第２章に記載されるすべての事例は、本書のコンセプトである「若手技術者の育成」のための「フィクション」として理解してください。

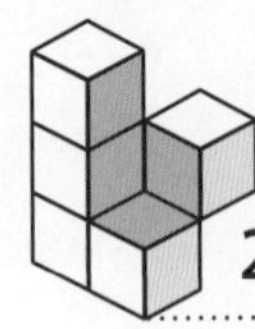

第2章　現地化戦略に必要な設計知識

2-1. 現地化戦略とは何か？

一般的に「現地化」といえば海外生産。とくに韓国や中国などの東アジア、そして、成長著しい東南アジアに生産拠点を移すことを意味しています。しかし、本書における「現地化」とは、前記の国々での生産も意味しますが、それ以上に重要視すべきは国内生産です。

なぜでしょうか？

生産拠点の移動の理由は、たったひとつです。それは安い工賃（賃率、もしくは人件費）を求めての拠点移動です。

海外進出を成功させるには「現地化」がキーポイントと言われています。しかし、「真の現地化」が実行できている日系企業は少数です。たとえば、中国への生産拠点化の場合ですが、ある有名な新聞社の調査では、なんと約60％の日本企業が失敗という結果です。意外ですね。

後の項目2-3-1でも解説しますが、その工賃に関して、日本国内でさえ、3倍以上の差があります。国内で最適な「現地化」ができない企業が、海外で「真の現地化」ができるはずがありません。

それでは、どうすれば現地化が実現できるのでしょうか？

以降では、その一端を探りたいと思います。その前に、前記の　　部分を「設計」に置き換えて、下記のポイントを記載しておきます。

国内で最適な「現地化」ができない設計者が、海外で「真の現地化」ができるはずがない。

2-1-1. 生産現場を知らないで設計はできない

ある調査機関によれば、現地において大切だと思うものは、……

① 良好な職場関係：64％（ただし、日本人スタッフのアンケート結果）

② 高賃金と福利厚生：86％（同、中国人やインドネシア人などの従業員）

現地化？ ……とんでもない調査結果です。

もうすでに大きなギャップ。物欲に関して、すでに飽和状態の日本経営陣と、物欲、金銭欲が旺盛な現地ワーカーとの差は、現地に行かなくても十分に把握できるはずです。

このような状況で、多くの日本企業では「日本のやり方を捨てて、現地に合わせる」と考えがちですが、ここが当事務所のクライアント企業における明暗の分かれ道でした。

クライアント企業において、成功の共通点がありました。それは、……。

日本式と海外式の両方を活かした「混合」がその答えです。つまり、現地化すべき部分と、日本式の良さを取捨選択する混合経営でした。
本件を続けると、まるで経営コンサルタントような話になってしまいますので、本書における設計の「現地化」に話を戻しましょう。

結論から言えば、当事務所のクライアント企業における成功に共通点がありました。それは、「混合経営」、いや間違えました、「混合設計」です。

> ① 現地における工賃は、常に上昇変動するため、都度、設計を含めた「低コスト化活動」を実施する。
> ② そのとき、現地工賃に適合した部品設計をする（設計変更を含む）。

ということでした。

その具体的な対策法ですが、①に関しては、書籍「ついてきなぁ！品質とコストを両立させる『超低コスト化設計法』」および、「ついてきなぁ！悪い『設計変更』と良い『設計変更』」を参照してください。
また、②に関しては、以降で詳述します。

設計の「現地化」とは、100％現地に合わせることではなく、国内と海外の良さを取捨選択すること。

設計の「現地化」とは、現地における工賃は、常に上昇変動するため、都度、設計を含めた「低コスト化活動」を実施すること。

組立/現地力

設計の「現地化」とは、都度、現地工賃に適合した部品設計をすること（設計変更を含む）。

2-1-2. 事例：VTR用ベースに見る現地化設計

それでは早速、前述②の具体例を解説しましょう。

図表2-1-1は、日本を代表するAV機器メーカーS社製[注1]のVTR用ベース組体[注2]です。

注1：S社製の「S」は任意に選択した文字で、社名の頭文字などの意味はない。
注2：商品としては陳腐化しているが、身近にある最後のメカニカル教材と言われている。

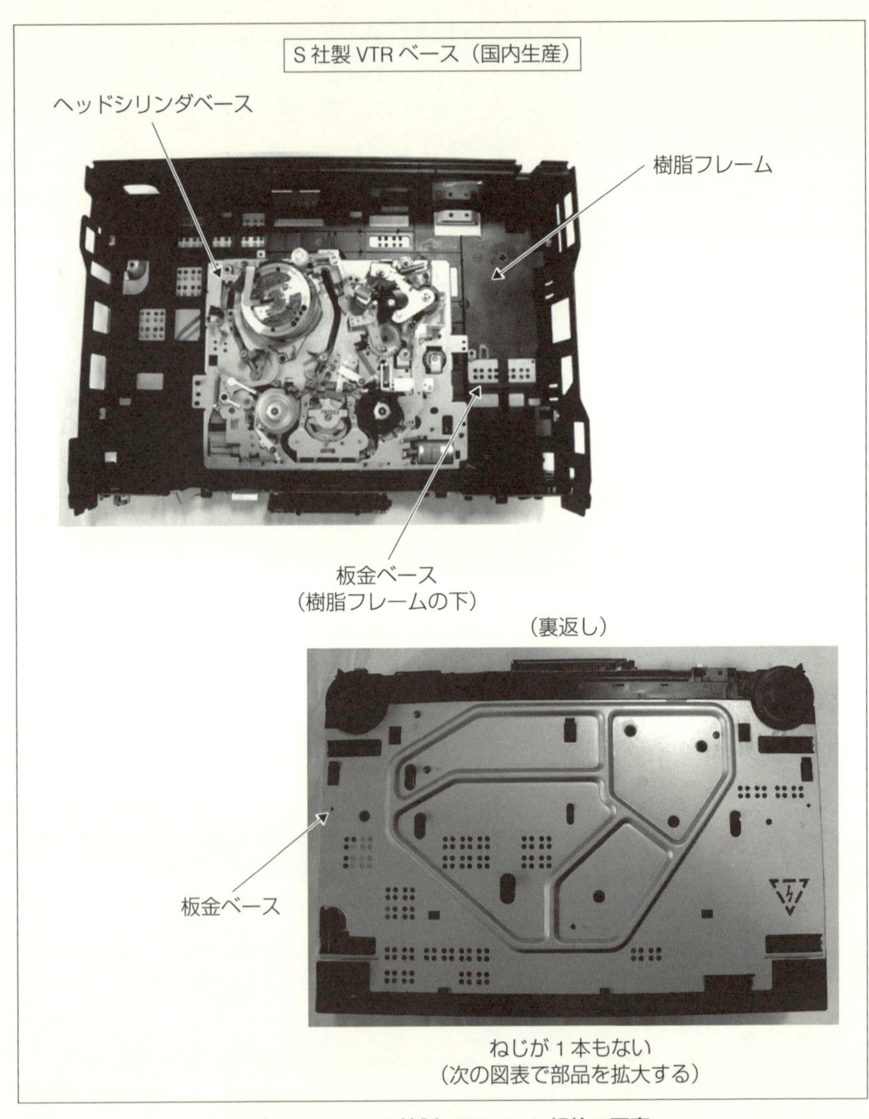

図表2-1-1　S社製VTRベース組体の写真

図表2-1-1の右下に裏返しにした写真がありますが、その「板金ベース」の拡大写真が**図表2-1-2**です。板金ベースの「角穴係止部」が、ねじが一本もない組立作業を提供しています。

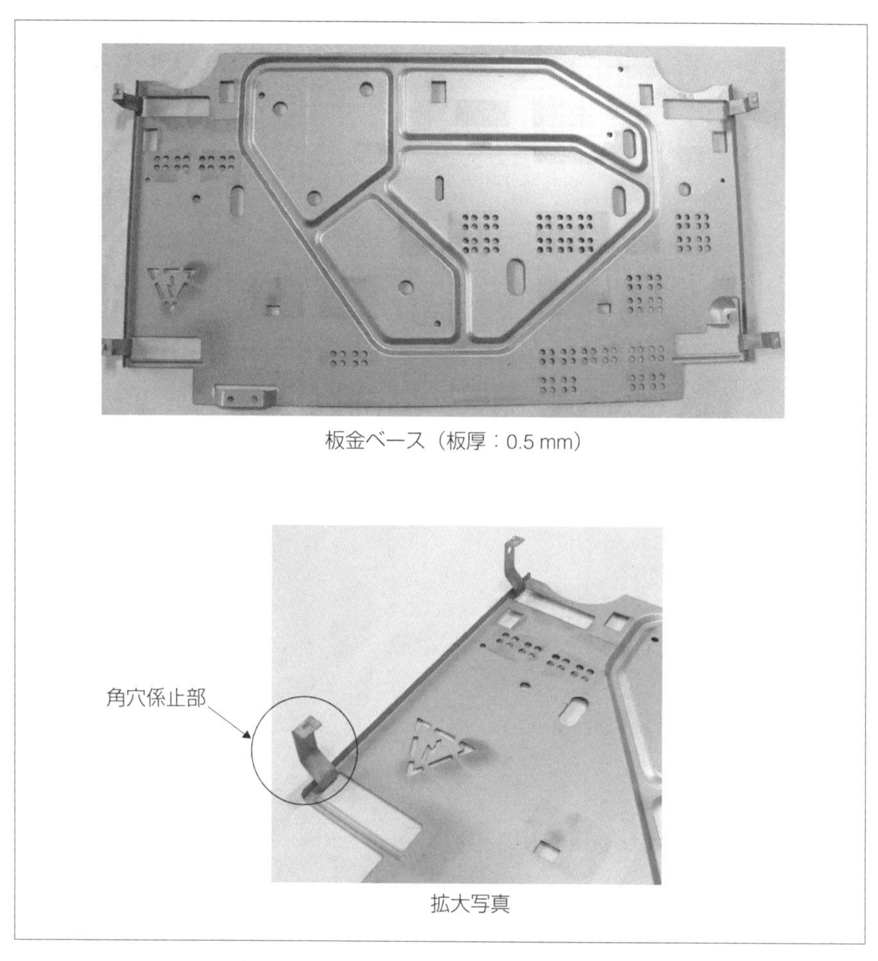

図表2-1-2　板金ベースとその係止部拡大写真

S社製は国内生産であるため、すべてが上方組立になっています。そのため、樹脂部に設けた角穴に、板金ケースに設けられた「係止部」をひっかけることで、板金ベースを樹脂フレームに固定しています。これに関しては、再度、次ページでも解説します。

次の**図表2-1-3**と**図表2-1-4**は、前ページで解説したS社製の3次元CADモデルと、S社同様、日本企業であるN社製注のVTRのベース組体です。

注：N社製の「N」は任意に選択した文字で、社名の頭文字などの意味はない。

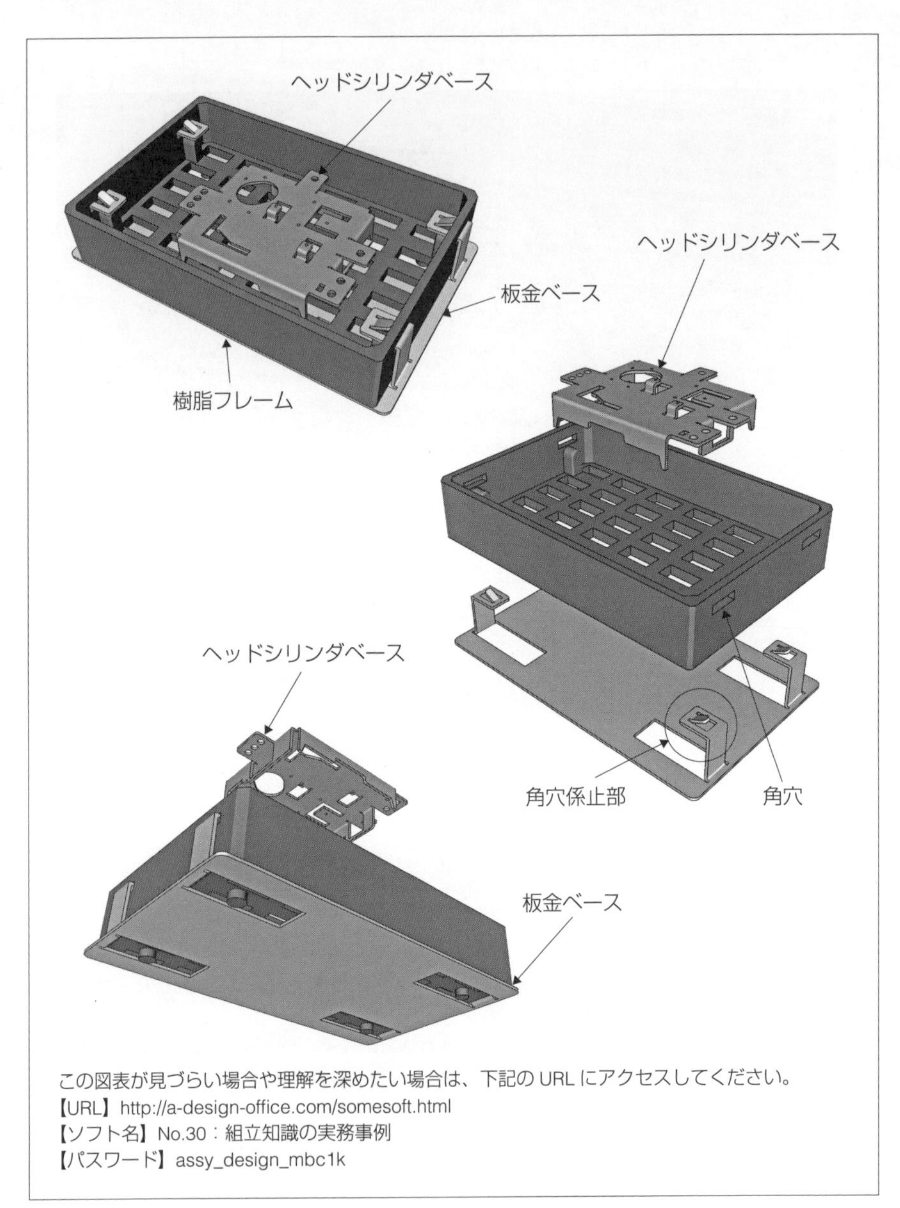

図表2-1-3　VTR用ベース組体の国内生産（S社製）

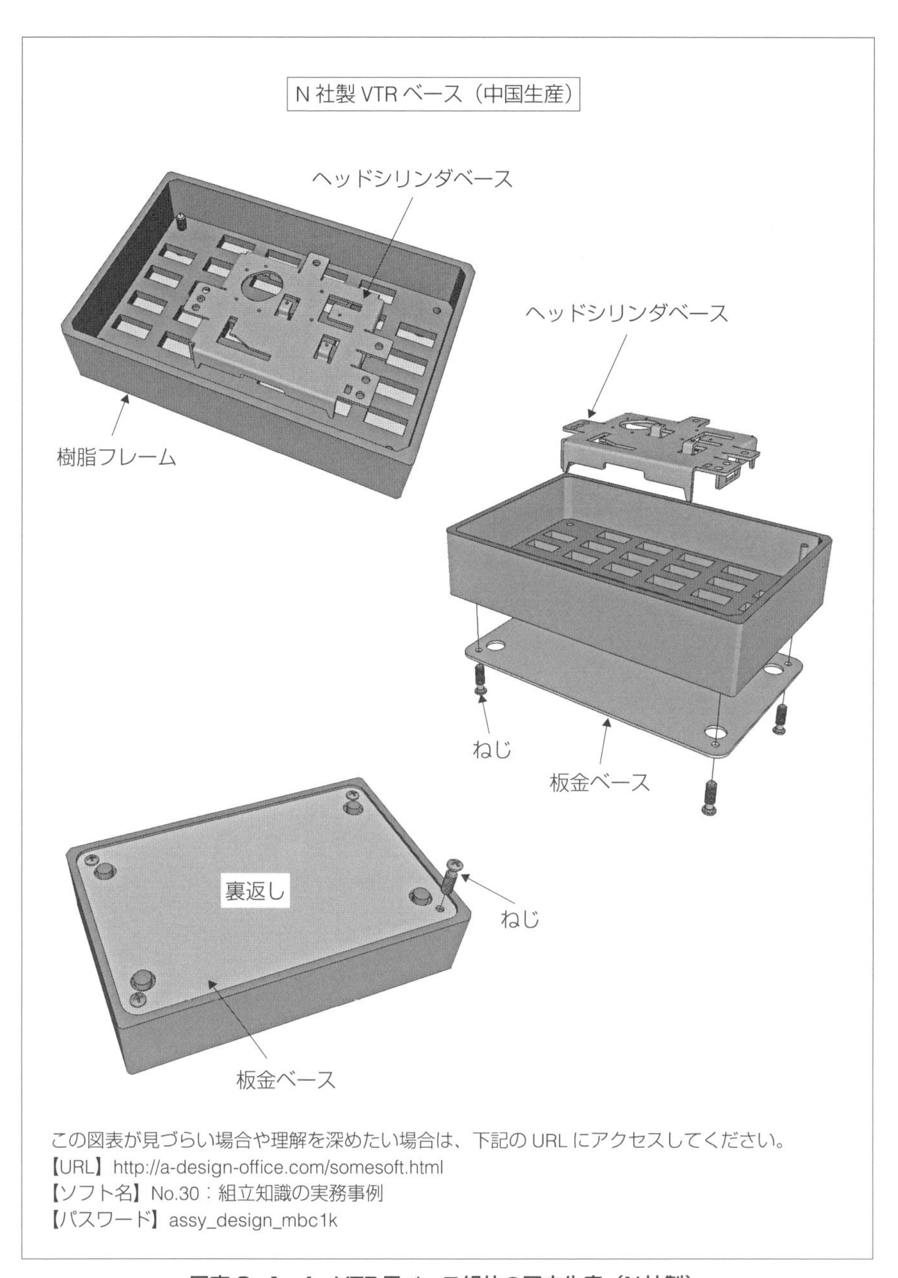

図表 2-1-4　VTR用ベース組体の国内生産（N社製）

図表2-1-4に掲載したN社製の3次元CADモデルを見てください。

VTRベース組体を裏返した図がありますが、N社製は国内生産ではなく中国生産のため、上方組立ではありません。そのため、板金ベースは、樹脂ベースを裏返しにして、四隅をねじで固定します。もちろん、低工賃を意識した手作業、人海戦術の組立です。

高工賃および、自動組み立ての場合、上方組立となる。一方、低工賃の現地では、全方向組立作業の方が低コストである。ただし、要検証。

ところで、図表2-1-1から図表2-1-4に掲載される板金ベースの役目を説明しておきます。以下の二つです。

① 機械的強度の補強：
VTRの心臓部ともいえるヘッドシリンダ取付け部周辺や、安定したテープ走行を維持するためには、樹脂ベースに平面度が要求されている。このとき、樹脂ベースの平面度を補っているのが板金ベースである。

② VCCIの規制（電磁妨害波の規制）：
電子機器を中心に電波障害に関する規定である「VCCI[注1]のCLASS B[注2]」に適合することが、商品価値の絶対条件となっている。板金ベースは、電波を遮断する重要な部品、シールド板の役を成している。

注1）VCCI：一般財団法人VCCI協会
注2）CLASS B：同協会が定めた電子機器から発生する妨害電波に関する規格のこと。

厳さん！
このセクション、すごく勉強になりました。キーワードは、……
① 上方組立
② 現地化設計
ですね！

オイ、まさお！
オメェも、りっぱな設計職人になれよ、期待している**ぜい！**

ちょいと茶でも……

低コスト化に関する設計変更の内訳

図表2-1-5は、低コスト化に関する設計変更の内訳です。当事務所のクライアント企業からの協力を得て分析しました。

そのクライアント企業とは、日本と隣国の電気・電子企業、および、事務機器の企業です。そして、図中の第3位に位置する「生産地」に注目してください。生産地とは現地化であり、本書では国内外の生産地を意味しています。

企業規模を、大・中・小で分類する場合や、造船・自動車・工作機械などの業種で分類する場合は、それぞれの分布は異なるかもしれません。

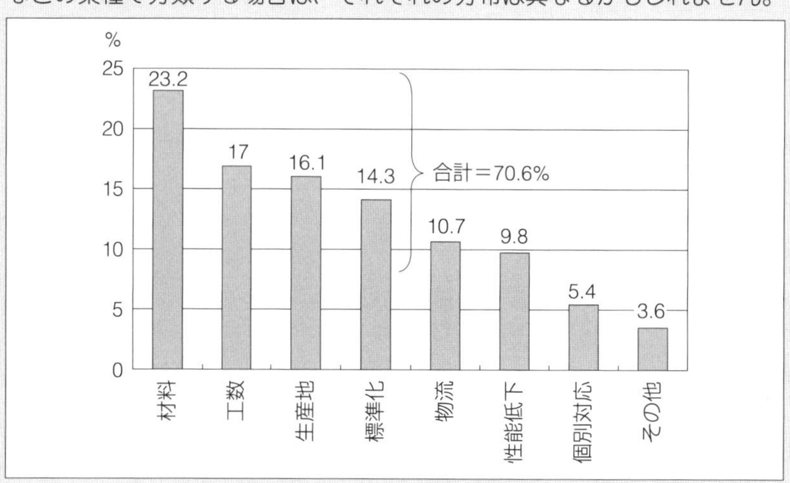

図表2-1-5　低コスト化に関する設計変更の要求項目

クライアント企業では、現地における工賃が常に変動するため、都度、設計を含めた「低コスト化活動」を定期的に実施しています。このとき、設計者は現地の方々と念入りな打合せを施しています。これが混合設計のやり方です。

設計の「現地化」とは、設計者は現地の方々と念入りな打合せを施すこと。これが混合設計のやり方である。

2-1-3. 事例：部品の一体化を分離する現地化設計

図表2-1-6は、制御装置のシールドボックス用の回転蓋です。図中に示す「回転軸」の部分に短いシャフトが入り、回動することで蓋をする仕組みです。

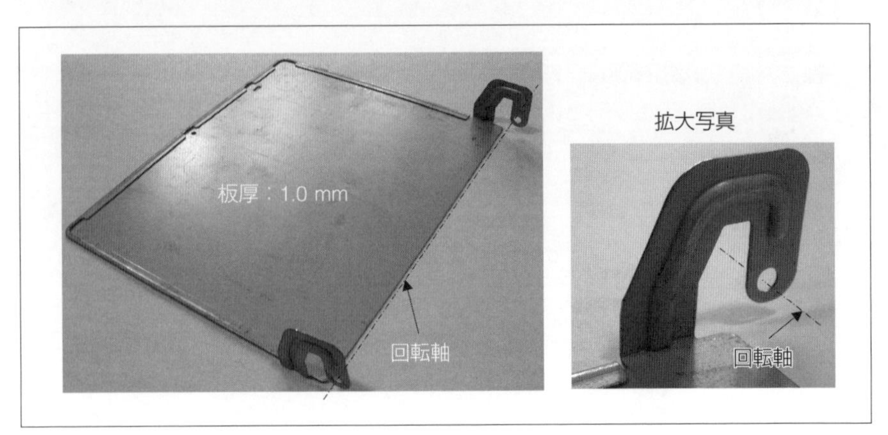

図表2-1-6　シールドボックス用回転蓋の例

次に、この蓋の構造を考えます。

図表2-1-7に示す従来型のA案のように、高さHの両端折り曲げ部を一体で形成するか、B案のように別体にしてスポット溶接で形成する場合が考えられます。

どちらが製造しやすいか？

当事務所のクライアント企業では、生産量によって大きく左右される製造コスト、つまりロット倍率を熟考して、「現地化」に有利な図表2-1-7のB案を選択しました。

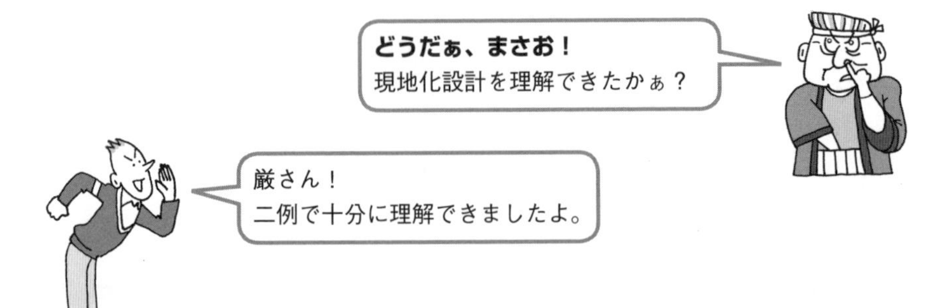

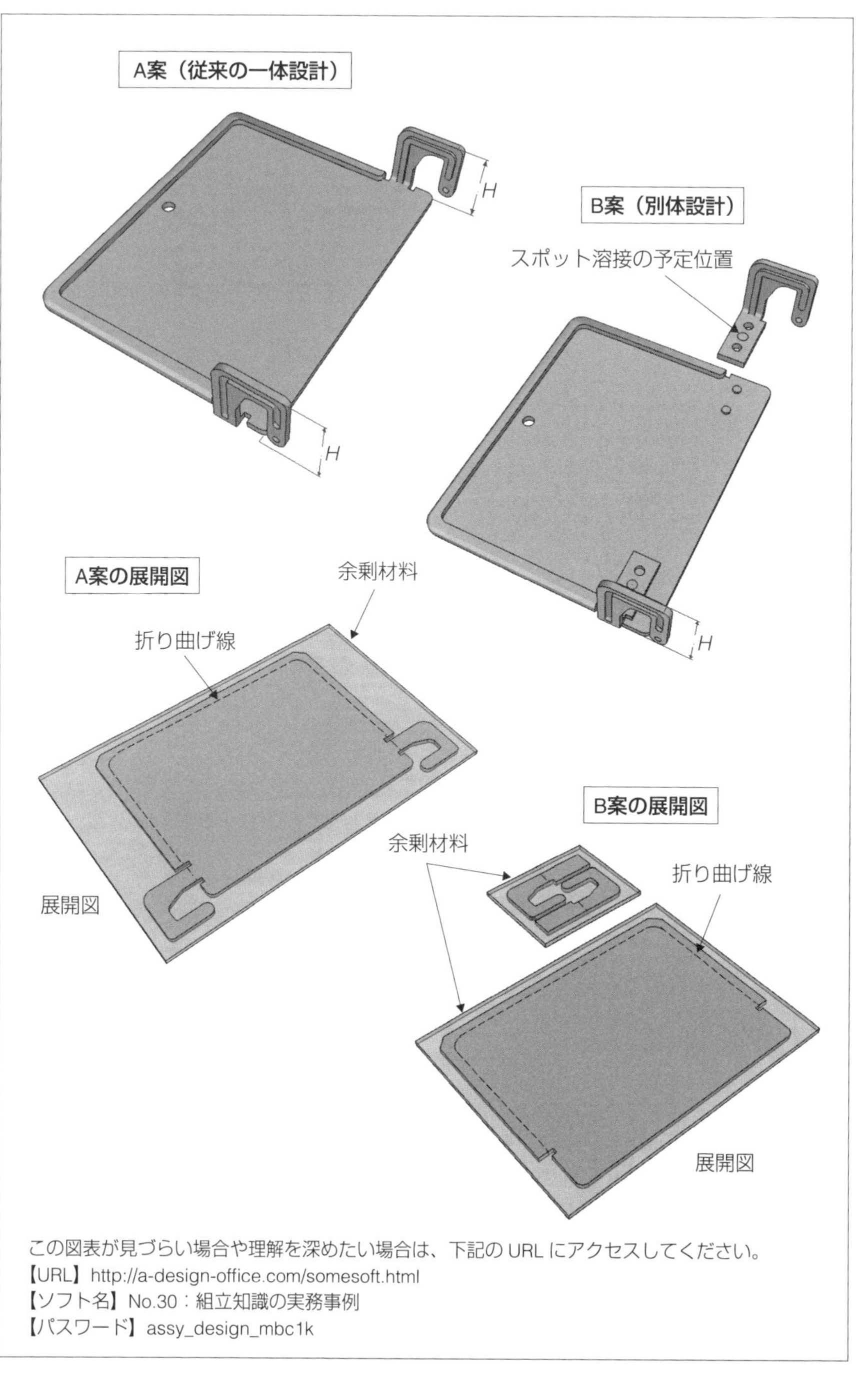

図表2-1-7　シールドボックス用回転蓋の一体化案と別体案の比較

当事務所のクライアント企業では、定例の低コスト化会議が開催され、筆者も毎回出席しています。多くの日本企業では、低コスト化の一案として、二部品や三部品を合体する「一体化」というアイデアが常に提案されます。

しかし、国内外に限らず、すべての「現地化」において、一体化は高コストの一要因です。低コスト化のアイデアは、圧倒的に「分離」や「分割」が常道です。

前者は、部品そのものを分けることであり、後者は部品の機能や特性を分けるアイデアです。

厳さん！そっ、そうだったんですか？
低コスト化のアイデアといえば、「一体化」、「部品点数削減」、「樹脂化」、「ねじ本数削減」が常道でしたよね？

いつのまにか、オメェも古い人間になっちまったよなぁ。まさか、ポンチ絵なんて言っているんじゃねぇだろんぁ、ポンチ絵は昭和初期の設計用語だぜぃ。

ポンチ絵の件は大丈夫です。「ついてきなぁ！機械設計の企画書と設計書と構想設計」で、理解しましたよ。
ホッ……。

だったら話を元に戻すけどよぉ、低コスト化アイデアの常道は、今や、「分割」と「分離」だぜぃ！

厳さんのコメントは、ロシアで開発された開発手法、TRIZ（トゥリーズ）、その中の「TRIZ40 発明の原理」からの有名な話です。なお、TRIZに関しては、書籍「ついてきなぁ！品質とコストを両立させる『超低コスト化設計法』」を参照してください。

ちょいと茶でも……

低コスト化活動とは？

項目2-1-1や項目2-1-2の「ちょいと茶でも」に、何度か「低コスト化活動」という単語が記載されました。この「低コスト化活動」とは、どのようなものでしょうか？ 当事務所のクライアント企業で使用している「コストバランス法」という開発ツールのみを紹介しましょう。

図表2-1-8は、一般的な手動鉛筆削り器です。これを部品毎に、「コスト」と「質量」でXY座標にプロットします。そうすると、「もう、低コスト化のネタがありません！」と嘆いていたのに、なんと、3品の質量を下げることの「ターゲット」を示唆してくれるのです。

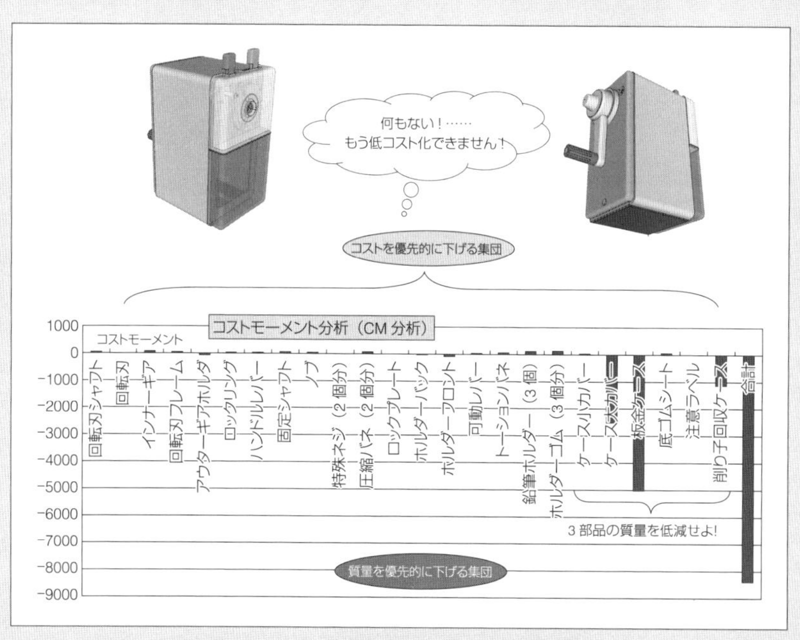

図表2-1-8　コストバランス法の事例紹介

詳しくは、「ついてきなぁ！品質とコストを両立させる『超低コスト化設計法』」を参照してください。

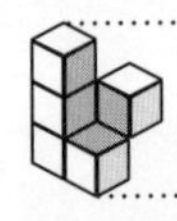

2-2. 生産現場のコスト知識

前項では、設計の「現地化」に関する二つの事例として図表2-1-1から図表2-1-7を掲載しました。しかしそこでは、「高い、安い」や「何々の方が低コスト」や「コスト的に有利」などの抽象的な表現でした。これではまるで、学者が執筆した専門書のようで、設計職人には役に立ちません。

そこで本項は、その現地に関するコスト知識を学習し、「高い、安い」の概念ではなく数値化するコスト知識を身につけます。

2-2-1. 間接費/直接費/賃率/工賃とは？

経理や財務の専門家によるコスト上の分類には、いくつかの用語が登場します。たとえば、固定費や変動費、または、間接費や直接費などです。ここでは、後者を解説します。

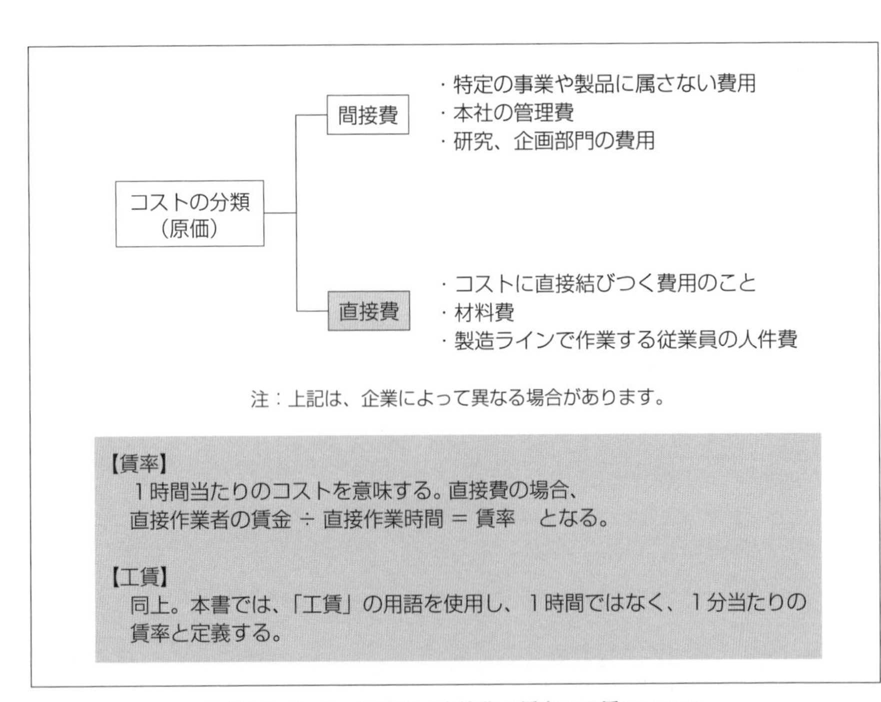

図表2-2-1　間接費/直接費/賃率/工賃について

それでは、**図表2-2-1**を解説しましょう。

当事務所のクライアント企業をはじめ、日本企業の多くは、コストの分類を「間接費」と「直接費」に分けます。前者は、特定の事業や製品に属さない費用と定義できます。たとえば、本社の総務部や人事部や経理部です。また、開発寄りでは、研究部や企画部の費用に相当します。費用とは、その多くを人件費が占めます。

一方、後者は、コストに直接結びつく費用のことです。たとえば、図表1-2-2に掲載した公式1-2-1の材料費であり、加工費です。加工費とは、製造ラインで作業する従業員の人件費のことです。

ここでは、直接費 ≒ 設計見積りと言えます。

次に、「賃率」ですが、企業における1時間当たりのコストを意味します。言い換えれば、直接作業者の時給とも言えます。一方、賃率は工賃とも言います。ただし、本書における工賃は、1分当たりのコストであり、1分当たりの賃率と定義します。

注：以上の間接費と直接費の解説は企業によって異なる場合があります。

組立/現地力 企業における間接費/直接費/賃率/工賃の単語を理解すること。本書においては、工賃とは1分当たりの賃率と定義する。

でぇじょうぶかぁ、まさお！

ずいぶんと、いろんな単語が出てきたが**よぉ**……。

厳さん！大丈夫ですよ！図表2-2-1で何度も確認していますから。

2-2-2. 日本企業の工賃は正規分布を成す

日本企業の工賃は、業種ではなく地域でバラツキを有し、それは正規分布を成しています。これを詳しく解説しますが、その前に、**図表 2-2-2** を見ながら、正規分布とは何かを理解しましょう。

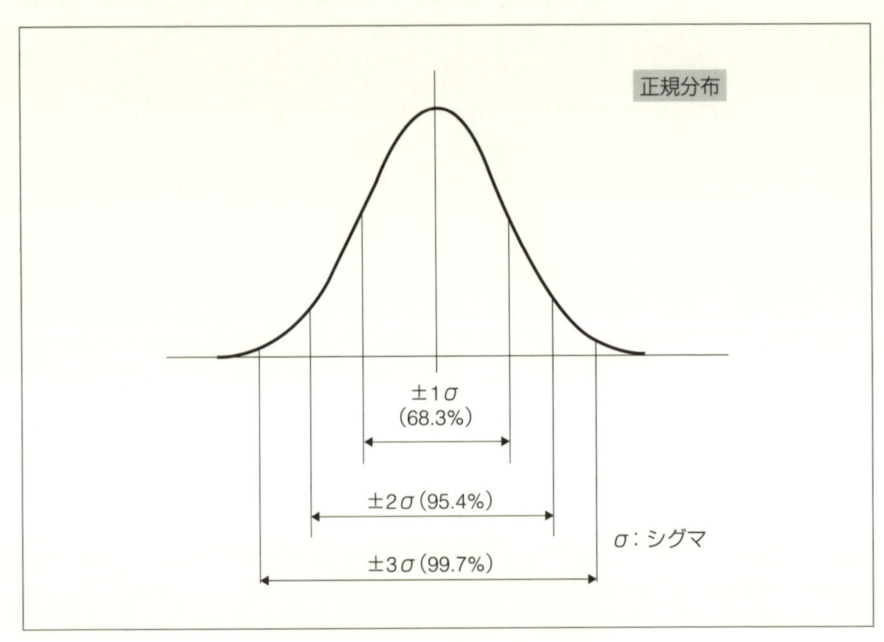

図表 2-2-2　正規分布の説明図

全ての部品は一品作りでも、量産品でもバラツキを持っています。特に、量産品のバラツキを測定してその分布をプロットすると、富士山のような左右対称の山形カーブを描きます。

このカーブを「正規分布」と呼びます。

正規分布は、「平均値＋標準偏差」で表現されます。良く耳にするのが「平均値± 3σ（シグマ）」と呼ばれるもので、範囲内でのバラツキ品（合格品）は、99.7%で、それ以外（規格外、不良品）は、0.3%存在すると考えます。この数字は山形の面積比を表現しています。

さらに具体的に言えば、1000 個の部品で、規格外の不合格品は 3 個と言えます。

図表2-2-3で、もう一例を見てみましょう。

図中の左側は、入学試験や資格試験の点数の受験者数です。筆者もある国家試験の試験問題を作成していますが、正規分布になるよう工夫しています。

もし、分布の頂点が左に偏れば多くの受験が不合格、右に偏れば、合格者が続出してしまいます。うまく、50点辺りをピークとして狙い、70点以上の受験者を合格するよう、試験の難易度をコントロールします。

コントロールといっても困難を極め、試験問題の作成には大変な時間と苦労が伴います。失敗すれば、主催側から猛省（もうせい）を求められます。その対策は、過去問を参照して新たな試験問題を作成します。

つまり、受験者にとって、過去問を暗記するほど何度も繰り返して解くことが一発合格の鉄則かもしれません。

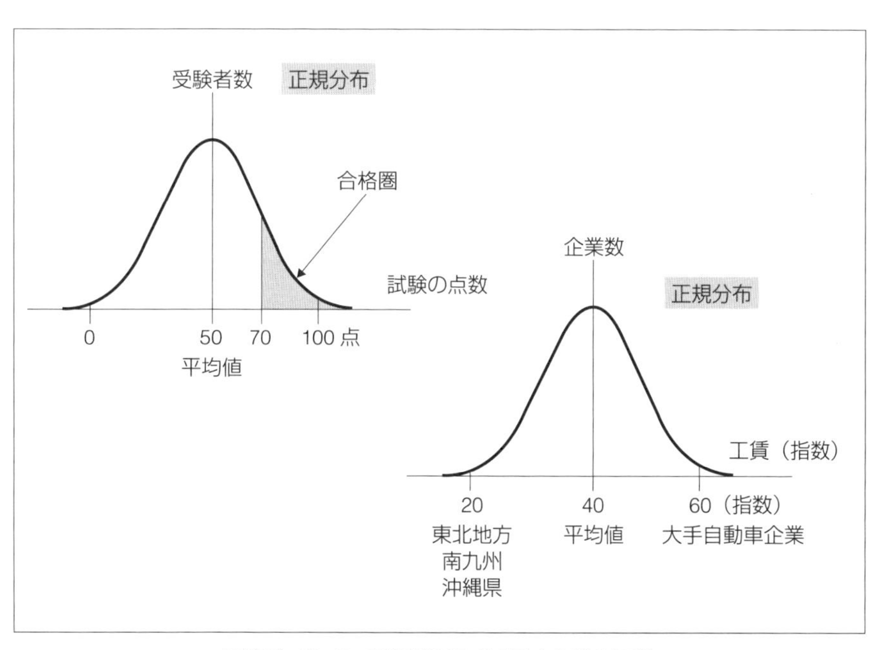

図表2-2-3　正規分布を成す日本企業の工賃

「試験問題とその結果の分布」という刺激的な例で、正規分布を理解できたかと思います。

正規分布の解説と事例紹介が終了したところで、本題に入りましょう。

もう一度、図表2-2-3の右側の図を見てください。これが日本企業における工賃の正規分布です。最大値は、あの有名な自動車企業で「60（指数、または円）です。

指数とは、本書の出版時点では「円」と考えて差し支えありません。もし、10年前や10年後の工賃を知りたいならば、物価指数を加味して「円」に換算してください。正規分布は不変です。

次に、中央値が40指数、最小値が20指数です。20指数の地域は、東北地方、南九州、そして、沖縄県の工賃です。

日本企業の工賃は正規分布を成し、最大値が60指数、最小値が20指数、中央値が40指数である。現時点で、指数は「円」と理解できる。

2-2-3. 工賃が40指数（円）以上の企業は負け組となる

ここで気が付いてほしいことが二つあります。

まず一つ目。それは、国内の工賃でさえも約3倍の差があることです。部品企業なら、その部品価格に約3倍の差を有することになります。

筆者は日本のある大手電機企業のコンサルテーションを請け負っていますが、「この部品コストを下げたいのですが……」と相談されたとき、筆者はすかさず東北地方、とくに新潟県の部品企業を紹介しています。それでも目標コストに達成しない場合、はじめて海外生産を考慮します。

次の二つ目。工賃が40指数を越えると、ライバル企業との低コスト化戦略には大きな苦難が待ち受けています。しかし、筆者もコンサルタントの端くれ、何とか、設計部と製造部と調達部にメスを入れ、改善・改革へ向けて奔走します。

一方、60指数を越えた企業へのコンサルテーションはお断りしています。もう、低コスト化への改革は間に合いません。低コスト化よりも、高付加価値への経営移行がお勧めです。学者や経済評論家がよく口にするのが、「市場一番乗り」や「オンリーワン企業」ですが、設計コンサルタントの立場から言えば、宝くじに当たるよりも確率的に困難です。

高工賃は、とくに、新幹線が開通した地域や高速リニアの停車駅がある地域は要注意です。何故ならば、不動産やサービス業関連の賃率が急騰し、やがて、工賃、つまり、部品の加工費が急騰するからです。

東京や名古屋や大阪などの大都市や、その近郊地域における中小・零細企業も高工賃ですが、長い時間をかけた栄枯衰退の歴史があるのです。しかし、前述の地域では、急激な高工賃化が訪れるのです。

海外生産を考慮する前に、工賃が 20 指数の国内地域を探索しよう。

2-2-4. 海外生産における工賃

「海外生産を考慮する前に、工賃が 20 指数の国内地域を探索しよう」と前述しましたが、それでも低コスト化の目標が未達のとき、日本企業は、品質や安全性のリスクを抱えて海外生産へと踏み切ります。

ここで、図表 1-2-2 の公式 1-2-1 を見てみましょう。

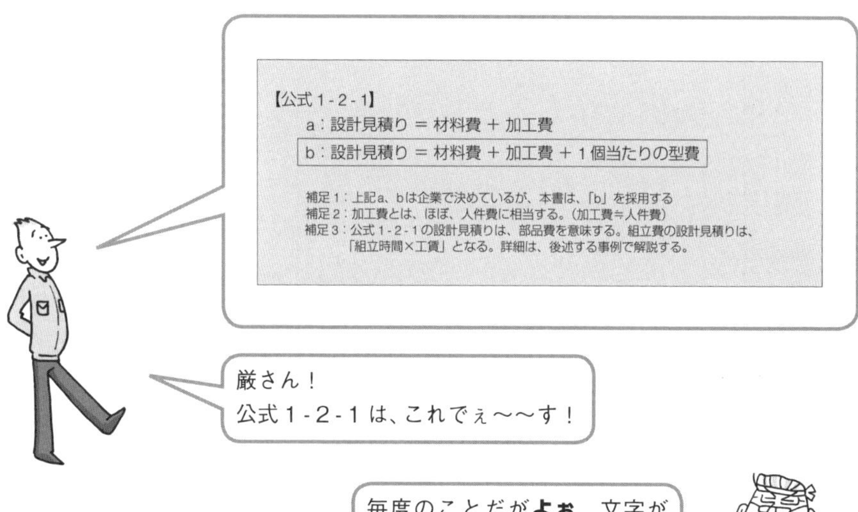

公式の第 2 項に「加工費」があります。また、「加工費とはほぼ人件費」という記述から低コスト化を考慮する場合、人件費が安い地域、つまり、低賃金の海外生産が浮かびます。

次に、**図表 2-2-4** を見てみましょう。

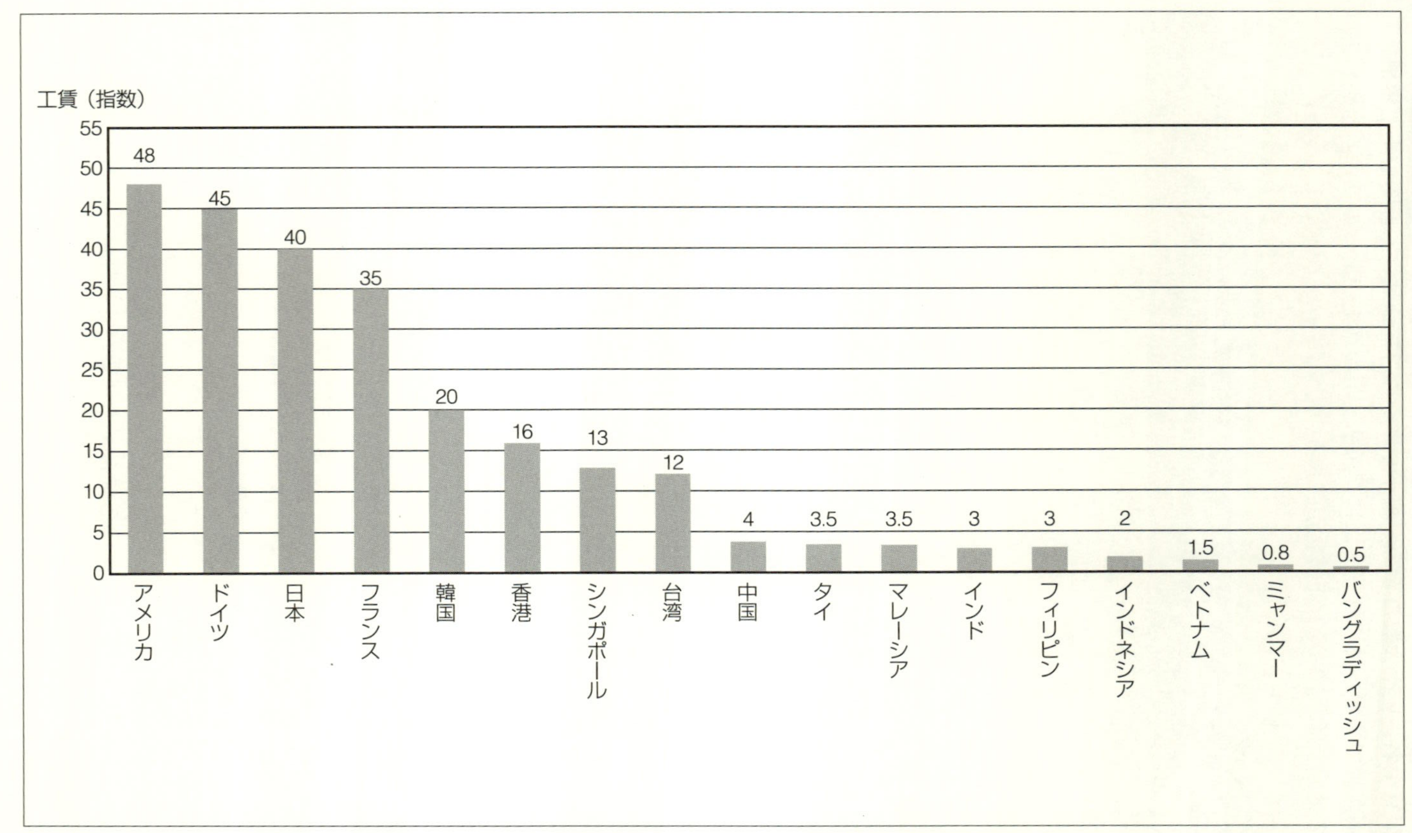

図表2-2-4　各国の製造業における工賃（國井技術士設計事務所調べ）

図表2-2-4は、各国の製造業における工賃を示しています。縦軸は「指数」ですが、本書の出版時は「円」と理解しても構いません。今後の半世紀や一世紀後はわかりませんが、10年後や20年後なら縦軸に物価指数を加味すれば、継続使用が可能と判断しています。

日本の工賃は40指数であるのに対して、中国やタイ、インドネシアやベトナム、そしてミャンマーの指数は、1/10から1/50にもなっており、日本企業のこれらに地域への進出がクローズアップされている理由が理解できます。

低工賃となる地域には、低コスト化だけを求めます。ここに、品質や安全性を同時に求めるのはあまりにも虫が良すぎます。

日本企業の工賃を40指数とすると、中国やタイ、インドネシアやベトナム、そしてミャンマーの指数は、1/10から1/50となる。

低工賃なる地域には、低コスト化だけを求めること。ここに、品質や安全性を同時に求めることは、あまりにも虫が良すぎる。

厳さん！やっとわかりましたよ。
中国だ、タイだ、インドだ、ミャンマーだと騒ぐ理由がやっとわかりましたよ。

おぉそうか、あんがとよ！
素人は「高い、安い」で済むかもしんねぇけどよぉ、オレサマのような街の職人は、そんなんじゃ食っていけねぇってもんよ。

「高い、安い」ではなく、数値化することで理解が深まりますよね。
設計職人らしい表現ですね。

2-2-5. 事例：カレーライスのコストを算出する

ここで、一人前500円のカレーライスが4600円にもなるケースを概算してみましょう。

筆者は、度々、「料理を設計、料理人を設計者」に例えて説明します。同じ職人同士なのでよく理解できるからです。料理も機械加工部品も、ほぼすべての業界で、少数（少量）のコストを概算するときに、下記に示す**図表2-2-5**の公式2-2-1を使用します。

①	段取り時間[注1]（Ar）	：○○分	公式2-2-1
②	加工時間[注2]（Pr）	：○○分	
③	生産数量（N）	：○○個、本、枚	
④	工賃	：(指数もしくは円)/分	
⑤	原価＝(Ar / N＋Pr)×工賃＋材料費		

注1：作業や加工を開始する前の準備時間
注2：作業時間や加工時間のこと。

図表2-2-5 段取り時間と加工時間の実務公式

【100人前のカレーライスの原価と定価】

① 段取り時間（Ar）：70分
② 加工時間（Pr）：1分
③ 生産数量（N）：100人前
④ 工賃：40円/分

ここで、材料費を求める。詳細は、**図表2-2-6**を参照。

各種の材料	材料原価	一人前の量	一人前の原価
豚肉	0.5円/g	50g	25円
じゃがいも	11円/個	0.5個	5.5円
にんじん	18.6円/本	0.25本	4.7円
玉ねぎ	18.6円/個	0.5個	9.3円
業務用カレールー	6.6円/山	1.5山	9.9円
砂糖/バター調味料	—	—	10円
ライス	0.15円/g	180g	27円
合計			91円

図表2-2-6 カレーライスの原価（國井技術士設計事務所調べ）

⑤　原価＝(70/100 ＋ 1)× 40 ＋ 91 ＝ 159 円
定価＝ 159 × 3 ＝ 477 ≒ 500 円（項目 1 - 1 - 3 に示す公式 1 - 1 - 1 を適用）

【1 人前のカレーライスの原価と定価】

①　段取り時間（Ar）　：30 分[注1]
②　加工時間（Pr）　：1 分
③　生産数量（N）：1 人前
④　工賃：40 円/分
⑤　原価＝(35/1 ＋ 1)× 40 ＋ 91[注2] ＝ 1531 円
定価＝ 1531 × 3 ＝ 4593 ≒ 4600 円

注 1：100 人前の段取りが 70 分であるが、一人前の段取りは約半分が限度である。(國井技術士設計事務所調べ)
注 2：100 人前として大量に仕入れる材料費が 91 円/人である。一方、1 人前の材料費が 91 円であるはずがない。ここでは、その情報が得られず、あえて 91 円を適用した。

学生食堂や社員食堂、または、一般食堂の「A 定食」や「B 定食」のボリュームがあるにもかかわらず、低価格な理由が理解できたと思います。

すべての業界で、段取り時間と加工時間で加工費を概算できる。公式 2 - 2 - 1 を理解しよう。

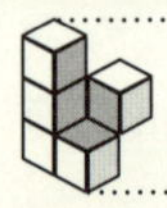

2-3. 事例：海外生産の成功と失敗

本項では、現地化や海外生産の一例を中国にして、その是非を考察してみましょう。

100円ショップの目標原価は33.3円です。たとえ原価45円があったとしても、店の販売平均で原価33.3円を目指しています。したがって、原価45円でも販売可能です。

極端な例として、原価99円の物品も存在します。ただし、これは客寄せ商品であり、長期間は販売できません。つまり、常備商品には成り得ません。

さて、**図表2-3-1**は、樹脂製および、板金製ブックエンドの材質や生産地などの生産条件を変え、下記のような数々のアイデアを抽出しました。「目指せ、原価33.3円」に成り得るのはどのアイデアでしょうか？

次のページに、図中①から⑨の各種アイデアを解説します。

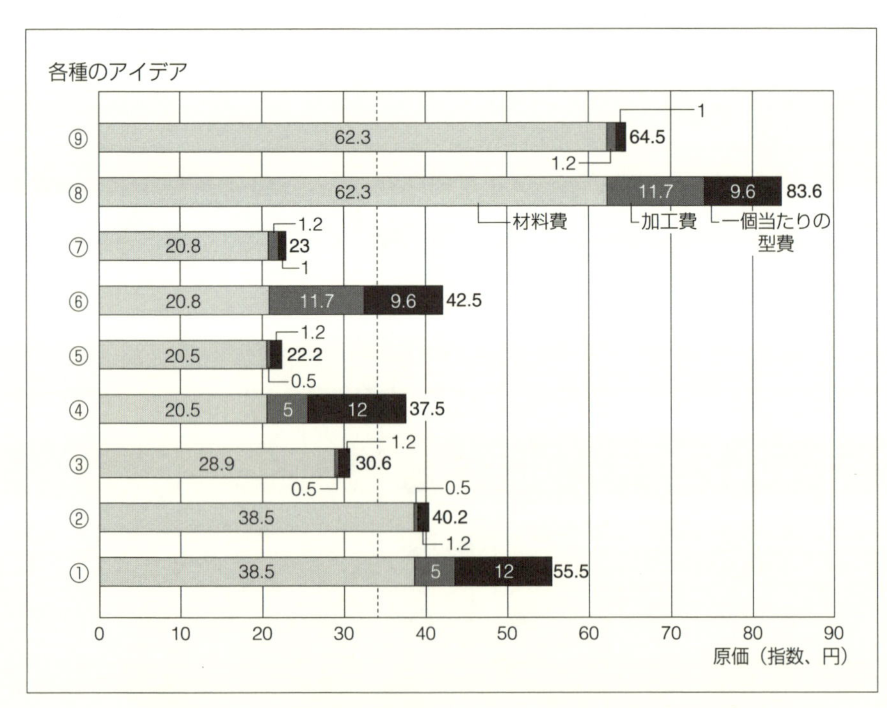

図表2-3-1 樹脂製/板金製ブックエンドの低コスト化アイデア

【樹脂製ブックエンドの低コスト化案：ロット数：50,000個】
下記の①②③④⑤は、図表2-3-1に対応しています。

① 材質：PS（ポリスチレン）、着色、板厚：4 mm、国内生産
② 材質：PS（ポリスチレン）、着色、板厚：4 mm、中国生産
③ 材質：PS（ポリスチレン）、着色、板厚：3 mm、中国生産
④ 材質：PP（ポリプロピレン）、自然色、板厚：3 mm、国内生産
⑤ 材質：PP（ポリプロピレン）、自然色、板厚：3 mm、中国生産

【板金製ブックエンドの低コスト化案：ロット数：50,000個】
下記の⑥⑦⑧⑨は、図表2-3-1に対応しています。

⑥ 材質：SPCC、板厚：1 mm、ニッケルめっき、国内生産、
⑦ 材質：SPCC、板厚：1 mm、ニッケルめっき、中国生産
⑧ 材質：SUS430、板厚：1 mm、国内生産
⑨ 材質：SUS430、板厚：1 mm、中国生産

図表2-3-1から、目標原価33.3円以下を満たすのは、③⑤⑦のみであり、いずれも中国生産であることが判明しました。また、使用する材料が約30円以上であると、国内生産、中国生産ともに、目標原価を達成できません。

具体的に言えば、樹脂材料におけるPS、もしくはPPの板厚4 mmを3 mmにする検討が必要です。また、ステンレスの使用は夢のようであり、実際、100円ショップどころか、高級な文具店にも陳列されていません。

ここまで、重要な設計プロセスに気が付きましたでしょうか？ 図面もない、もちろん、現物もない状態で、およそいくらの設計見積りができばければ、材料選択すらできないこと。そして、設計審査もできないことに気がつきましたでしょうか？
設計職人を目指すなら、「ついてきなぁ！」シリーズで、設計職人としての修行を積んで下さい。

設計見積りができなければ、材料選択、サイズ、生産地、加工法、協力企業選択、そして、設計審査が全くできない。

2-3-1. 日本企業における海外生産の60%が失敗

項目2-1の冒頭で約束した本項のサブタイトルを解説します。

ある有力な新聞社の調査で発覚しました。それは、日本企業の中国進出で、約60%が失敗という驚愕する事実です。それはなぜでしょうか、分析してみましょう。

図表1-2-2の公式1-2-1から、

b：設計見積り＝材料費＋加工費＋1個当たりの型費

項目1-3-1でも解説しましたが、食材とは異なり、機械材料は世界でほぼ同じ価格です。また、加工費とは人件費のことです。「約60%が失敗」ということは、設計見積りにおける……

① 材料費の割合が極端に多いとき

② 人件費の割合が少ないとき

上記の場合、中国生産の優位性に乏しく、失敗の可能性があります。その具体例を商品で言えば、図表2-3-2となります。

商品群	材料費の占める割合		加工費の占める割合	
	多い（海外生産不利）	少ない（海外生産有利）	多い（海外生産有利）	少ない（海外生産不利）
一般文具		●		
万年筆	●			
アクセサリー	●			
大型冷蔵庫	●			
駄菓子				●
和菓子			●	
フィッシュバーガー			●	
チキンナゲット				●
衣服			●	

図表2-3-2 海外生産における優劣

図中のグレー部分の商品を、無理やりに中国へ生産移管した結果、効果が薄いと気付いた企業は、意地でも低コスト化を図ります。これをやりすぎると社告・リコールへと結びつく場合があります。図表2-3-2の中で、その事例を抽出することは容易です。あの企業の、あの商品です。

いずれしても、設計見積りの重要性を理解できたと思います。

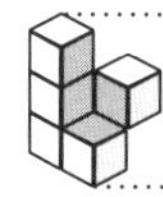

2-4. お客様は次工程

「設計のお客様は次工程である加工現場」……この設計概念は、書籍「ついてきなぁ！加工知識と設計見積り力で『即戦力』」（日刊工業新聞社刊）のメインコンセプトです。

本書も、このコンセプトを踏襲しますので、ここで改めて解説しておきます。

2-4-1. 設計のお客様は次工程である加工現場

「お客様」とはなにか？と若手技術者に聞くと、声をそろえて「エンドユーザー」や「購入者」という判を押したような回答が返ってきます。「お客様は神様」や「顧客第一主義」という単語を常時、社内で聞いているからでしょう。

確かにお客様とはエンドユーザーなのですが、「ついてきなぁ！」シリーズにおけるお客様とは「次工程」のことです。

本書では**図表2-4-1**に示すように「お客様は次工程」と考えてください。次工程とは加工現場であり、そこで働く作業者や技能工を意味します。

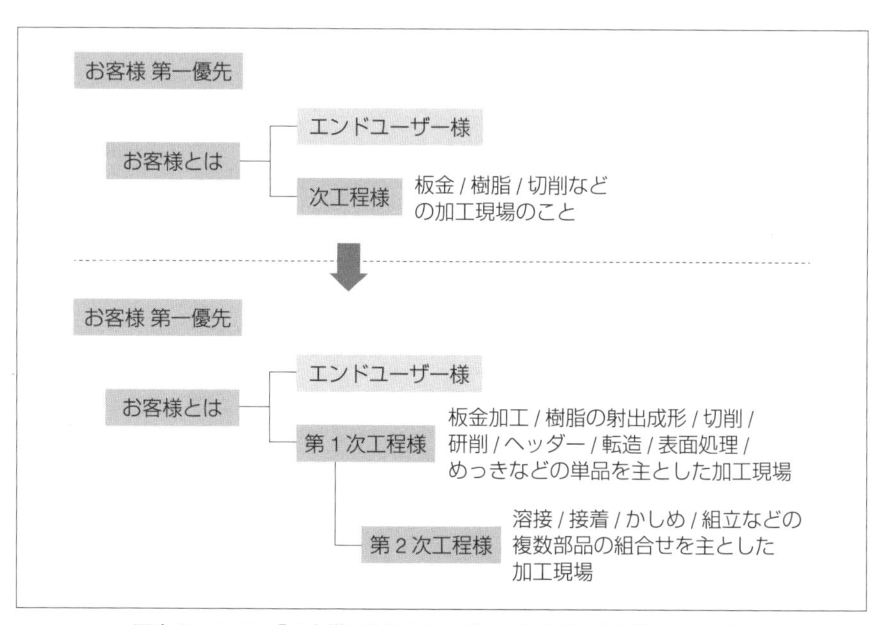

図表2-4-1 「お客様は次工程」の概念図（下側が本書の概念図）

図中の上段は、かつての「ついてきなぁ！」で掲載した「お客様は次工程」の概念図でした。しかし、本書は組立をテーマにしていますので、部品単品を製造する「第１次加工」と、それらをさらに加工する「第２次加工」に細分した図中の下段に書き換えました。

なぜ、「設計のお客様は次工程である加工現場」と考えるのでしょうか？

お客様が、どのような道具で、どのように製造するかも知らないで設計し、図面を描く設計者もどきが存在します。加工現場では、彼らのことを「3次元モデラー」と呼んでいます。設計者ではなく、モデラー、つまり、造形者です。その図面もどきは、「無責任図面」と呼ばれています。

しかし、お客様は次工程である概念を常に持っていれば、いい加減で無責任な図面は出せないはずです。

それでは、どうしたらこの概念を具現化できるでしょうか？

たとえば商品に関してですが、お客様（エンドユーザー）の要求がどのような機能で、どのようなデザインで、どのような価格かを知らないままで商品化ができるでしょうか？

一方、出図の時、「お客様は次工程」と考えた場合、入手困難な材料を指定、加工限界を知らぬまま芸術的な形状や、無謀な精度の公差を盛り込んだ図面を出すことが許されるでしょうか？

おぉーと、うれしいこと聞い**ち**まった**ぜい！**
オイラの仲間も昔からおんなシってもんよ。

つま**シ**、大工の「客」は、左官屋の山チャンと、
水道工事のクロと電気屋の欽チャン、
ってとこだ**なぁ**。

厳さん！
大工の世界でも、「次工程は
お客様！」……なんですね！

設計のお客様は、次工程である加工現場である。さらに、部品製造の第１次工程と、組立の第２次工程に細分する。

2-4-2. 加工と組立の得手不得手だけ理解すればよい

「最近の若手技術者は加工現場を知らない」……社内の会議や飲み会で、よくこの言葉を聴きませんか？ 若手技術者には気持ちの良い言葉ではありません。

その対策手段として、工場見学会や現場確認会などが実施されていますが、多くのお客様でこれらの行為を受け入れることは容易ではありません。また、若手技術者もなかなか時間がとれません。

そこで、書籍「ついてきなぁ！」シリーズのコンセプトを踏襲する本書では、「お客様」にとっての得手不得手の情報を記載しています。そして、各種の加工法や組立に関する「得手不得手」を理解しましょう。

より一層「お客様」を知る最良の方法は、「お客様」である加工現場へ出向き、直にその加工作業者や生産技術者に相談することです。

「最近の若手技術者は加工現場を知らない」……実は、「最近の若手技術者は加工現場に来ない」だったのです。

彼ら（加工現場）は、あなた（設計者）が来るのを待っています。

迷ったら、次工程の「お客様」を積極的に訪問しよう！

職人ってヤツは**よ**ぉ、いっつも「不安」
がつきまとっているもんだ**ぜい！**
これがプロってもんよ。
わかったか、まさお！

厳さんでも、そうだったんですか！
もっと勉強します。
もっと、現場に出向きます。

組立/現地力・チェックポイント

【第２章 現地化戦略に必要な設計知識】

第２章における「組立/現地力・チェックポイント」を下記にまとめました。理解できたら「レ」点マークを□に記入してください。

〔項目2－1：現地化戦略とは何か？〕

① 国内で最適な「現地化」ができない設計者が、海外で「真の現地化」ができるはずがない。 □

② 設計の「現地化」とは、100％現地に合わせることではなく、国内と海外の良さを取捨選択すること。 □

③ 設計の「現地化」とは、現地における工賃は、常に上昇変動するため、都度、設計を含めた「低コスト化活動」を実施すること。 □

④ 設計の「現地化」とは、都度、現地工賃に適合した部品設計をすること（設計変更を含む）。 □

⑤ 高工賃および、自動組み立ての場合、上方組立となる。一方、低工賃の現地では、全方向組立作業の方が低コストである。ただし、要検証。 □

⑥ 設計の「現地化」とは、設計者は現地の方々と念入りな打合せを施すこと。これが混合設計のやり方である。 □

〔項目2－2：生産現場のコスト知識〕

① 企業における間接費/直接費/賃率/工賃の単語を理解すること。本書において、工賃とは１分当たりの賃率とする。 □

② 日本企業の工賃は正規分布を成し、最大値が60指数、最小値が20指数、中央値が40指数である。現時点で、指数は「円」と理解できる。 □

③ 海外生産を考慮する前に、工賃が20指数の国内地域を探索しよう。 □

④ 日本企業の工賃を40指数とすると、中国やタイ、インドネシアやベトナム、そしてミャンマーの指数は、1/10から1/50となる。 □

⑤ 低工賃なる地域には、低コスト化だけを求めること。ここに、品質や安全性を同時に求めることは、あまりにも虫が良すぎる。 □

⑥ すべての業界で、段取り時間と加工時間で加工費を概算できる。公式2-2-1を理解しよう。 □

〔項目2-3：事例：海外生産の成功と失敗〕

① 設計見積りができなければ、材料選択、サイズ、生産地、加工法、協力企業選択、そして、設計審査が全くできない。 □

〔項目2-4：お客様は次工程〕

① 設計のお客様は、次工程である加工現場である。さらに、部品製造の第1次工程と、組立の第2次工程に細分する。 □

② 迷ったら、次工程の「お客様」を積極的に訪問しよう！ □

チェックポイントで70%以上に「レ」点マークが入りましたら、第3章へ行きましょう。第3章以降では、本書の山場に入ります。

第3章

組立の代表格：溶接の加工知識と設計見積り

オイ、まさお！覚悟しろ！

この第3章から本題に**へ**いるぞ。
溶接といえばよぉ「**組立**」の代表格
だ**ぜぃ！オメェまさか**、組立もでき
ねぇ、コストもわかんねぇ溶接図面
を描いてんじゃねぇだろなぁ、**あん？**

げェ、厳さん！実は、……。
僕の学校で溶接の授業はないんですよ。
もちろん、先生もいません。
だから……

【注意】
第3章に記載されるすべての事例は、本書のコンセプトである「若手技術者の育成」のための「フィクション」として理解してください。

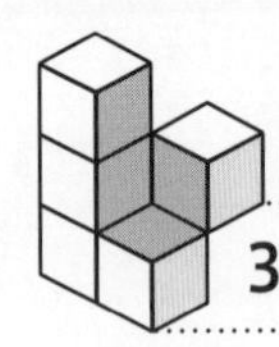

第3章　組立の代表格：溶接の加工知識と設計見積り

3-1. 第2次工程（組立）のお客様を知る

下記は、「はじめに」で解説した本書のコンセプトです。そして、本章からいよいよ山場へと入っていきます。

【コンセプト】
本書は、工業製品のグローバル化の一つとして、現地化設計を取りあげる。さらに、「組立」とその「設計見積り」に的を絞り、設計職人における現地化のための基礎知識を身に付ける。現地とは国内外の生産現場を意味する。

さて、お客様とは、エンドユーザーや購入者ではなく、「ついてきなぁ！」シリーズおよび、本書では設計の次工程であることを前章で解説しました。

ここで、もう一度、第2章の図表2-4-1を見てみましょう。

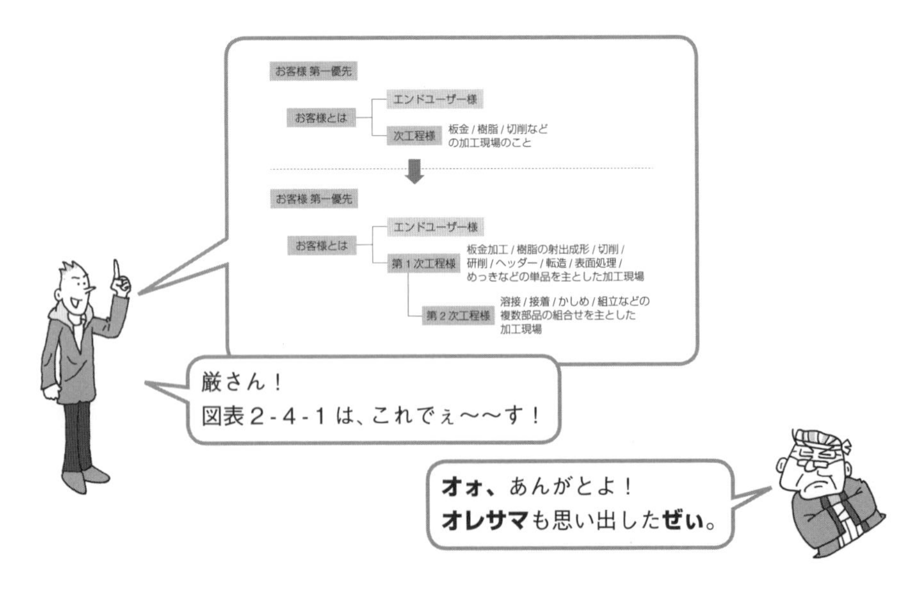

上記の次工程を理解できれば、「3次元モデラー」や「無責任図面」という単語は存在しないはずです。そこで、「ついてきなぁ！」シリーズは、**図表3-1-1**に示す第1次/第2次工程を解説し、「お客様」への理解を深めています。

お客様は次工程	次工程の具体例	参考書籍
第１次工程	・板金加工、樹脂の射出成形、切削、研削などの単品を主とした加工現場	・ついてきなぁ！加工知識と設計見積り力で『即戦力』
	・ヘッダー加工、転造、表面処理、めっき、板ばね、コイルばね、ゴム成形などの単品を主とした加工現場	・ついてきなぁ！加工部品設計の『儲かる見積り力』大作戦
第２次工程	・溶接、接着、かしめ、組立などの複数部品の組合せを主とした加工現場	・本書

図表３-１-１　第１次工程と第２次工程のお客様について

「最近の若手技術者は、加工現場を知らない」、これは、当事務所のクライアント企業でよく耳にするセリフです。ここで言う「加工現場」とは図表3-1-1に示す「第1次工程」です。

確かに、最近の若手技術者は、加工現場を知らないで設計し、図面を描いている場合があります。そこで、図中の「第1次工程」の板金加工や樹脂加工のセミナーや専門書が存在します。自己研鑽（じこけんさん）の題材としては、とてもよい環境です。

しかし、図中の「第2次加工」となると、前述のセミナーや専門書が存在しません。これでは、低工賃を求めての海外生産どころか、国内生産も隙間だらけです。是非、本章以降をしっかりと学習し、現地力を身につけましょう。

ただし、第1章と第2章を飛ばして、本章以降に入ることは、設計職人を目指す者としては虫が良すぎます。

何度も第1章、第2章を復習してください。もし、不足があるならば、図表3-1-1に示した「第1工程」の書籍を閲覧してください。

3-1-1. 溶接は組立作業の代表格

それでは、溶接の「お客様」から理解を深めていきましょう。溶接に無関係な設計者でも、溶接を学べば、組立における設計の要領を得ることができます。

溶接は組立の代表格。溶接を学べば、組立における設計の要領を得ることができる。

厳さん！厳さん！本書のテーマの一つに「組立知識」がありますが、溶接は違うのではないですか？ 溶接は組立ですか？

オレサマがくどくど説明するよりも、**図表3-1-2**を見た方が早ぇ～ってもんよ。溶接に「接」という文字があるからよぉ、当然、部品は複数だぁ。つまり、組立要素を含んでいるわけってことよ。

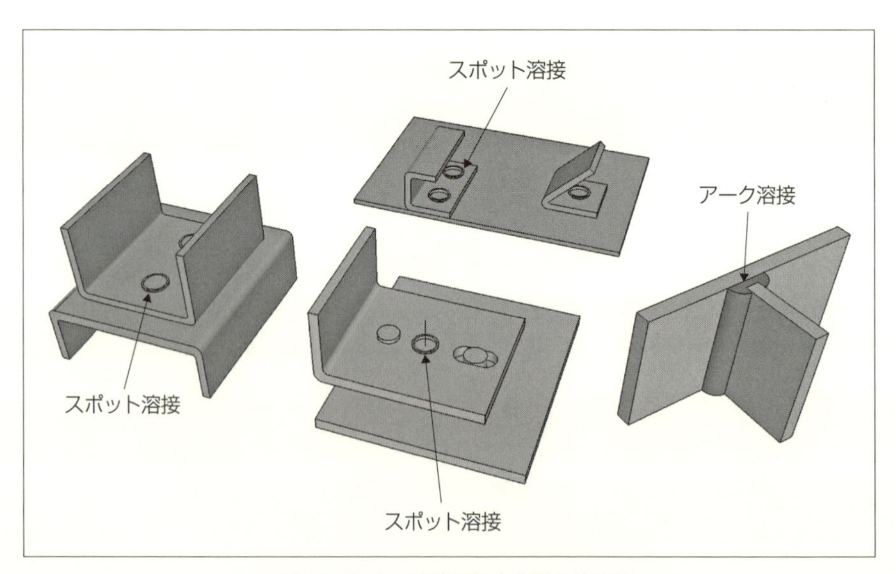

図表3-1-2　溶接は組立作業の代表格

溶接って、実は苦手なんです。
教科書の記述は、極少量のページで終了。溶接の専門書には、歴史や原理、種類と用途など。
また、事例に至っては造船やコンビナートのタンクなど、実務知識にはほど遠い記述で溢れていますよ。

本書は溶接の専門書ではないので、前述のまさお君の要望には応えられません。しかし、限られたスペースの中で、溶接に関する実務知識、つまり、Q（Quality、品質）、C（Cost、コスト）、D（Delivery、期日）を解説します。

少しでも、次工程であるお客様の状況が理解できれば幸いです。そして、溶接から組立に関する設計の要領や基礎を学んでください。

3-1-2. 溶接法の種類とそのランキング

それでは、なんでもかんでもではなく、ポイントを絞るために使用頻度のランキングを**図表3-1-3**に見てみましょう。

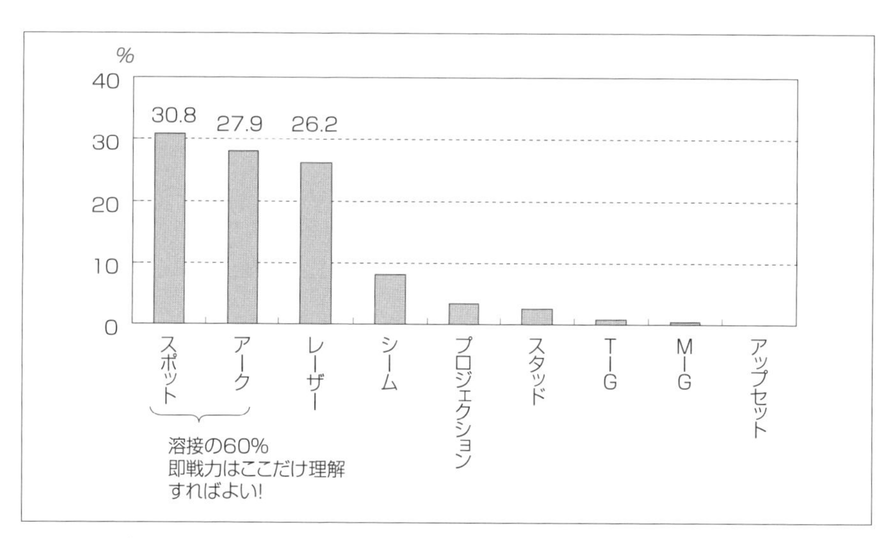

図表3-1-3　溶接における使用頻度の順位（國井技術士設計事務所調べ）

図表3-1-3は、当事務所のクライアント企業から情報を得て分析した溶接に関する使用頻度のランキングです。なんと言っても基本は、「スポット溶接」と「アーク溶接」です。

度々、専門誌などでTIG（ティグ）溶接やMIG（ミグ）溶接が特集されますが、現在は使用頻度が低ランキングの溶接法でも、自動化などの低コスト化で時代が注目していることが特集される理由です。

一方、技術を分類することは難しい場合が多々あります。

たとえば、表面処理にめっきがありますが、このめっきの場合も「化学めっき」や「化学蒸着」などのように分類上は理解に苦しみます。

溶接も同様に、TIG溶接もMIG溶接もアーク溶接の一種です。自動車などの大型構造物には不可欠な溶接法であり、図表3-1-3のランキングも業界別では順位が入れ変わります。

しかし、自己研鑽（じこけんさん）に関しては、「スポット溶接」と「アーク溶接」が基本形であることは確かです。また、近年は第3位のレーザー溶接も注目すべき溶接技術です。

溶接の基本形は、「スポット溶接」と「アーク溶接」である。
レーザー溶接も注目すべき技術である。

オイ、まさお！
第3位だ、4位だというランキングが重要では**ねぇぞ**。業界別で変わるからなぁ。
それよりも、……
ポイントは何かを見つけろ！

厳さん！
ポイントって、何から学べば効率がよいか、溶接のポイントはどこかってことですよね！

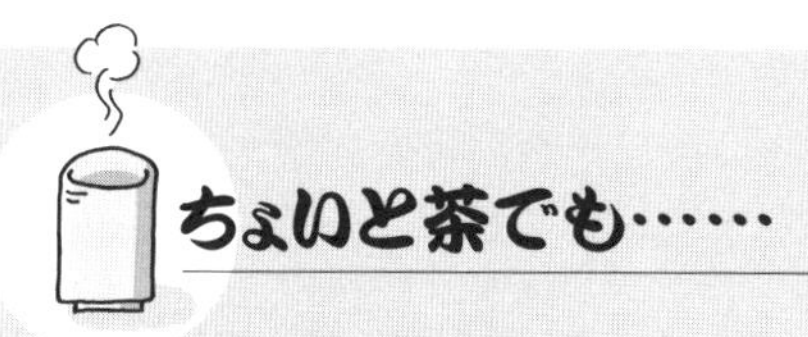

自動車業界における溶接

自動車部品の足回りや排気系などの複雑な構造体における主要な溶接は、図表3-1-3同様のスポット溶接とアーク溶接です。かつては、アーク溶接棒が使われていましたが、自動化に有利なワイヤを使ったTIG溶接やMIG溶接が主流になっています。さらに、それに代わるレーザー溶接もドイツ車から積極的に採用しています。

TIG（ティグ）溶接とは

溶接技術の分野においてアーク溶接に定義される用語の一つです。電極にはタングステンやタングステン合金を用いることから、TIG溶接（Tungsten Inert Gas welding）と呼ばれています。

MIG（ミグ）溶接とは

前述同様、溶接技術の分野においてアーク溶接に定義される用語です。この溶接は、電極に溶接ワイヤを用いることから、MIG溶接（Metal Inert Gas welding）と呼ばれます。

TIG溶接とMIG溶接との違い

TIGとMIG、一体、どこが違うのでしょうか？**図表3-1-4**を参照してください。

溶接の比較項目	TIG溶接	MIG溶接
シールドガスの使用	主にアルゴンガスを使用	
電極	・非溶極式 ・電極にタングステンを用いて、ワイヤなどの溶接材料を溶加しながら溶接を行う。	・消耗電極式 ・ワイヤ先端と母材間にアーク放電を生じさせ、母材とワイヤを溶融させて母材を接合する。
溶接速度	・遅い	・速い
厚板/薄板溶接	・厚板：苦手 ・板厚2mm以下でも可	・厚板：可 ・薄板：2mm以下は苦手

図表3-1-4　TIG溶接とＭＩＧ溶接の相違

それでは、**図表3-1-5**を見てください。

溶接も奥が深いのですが、スポット溶接とアーク溶接を理解すれば、これだけで、「60点（%）」が採れることになります。まさしく、ここが溶接のポイントに値するでしょう。

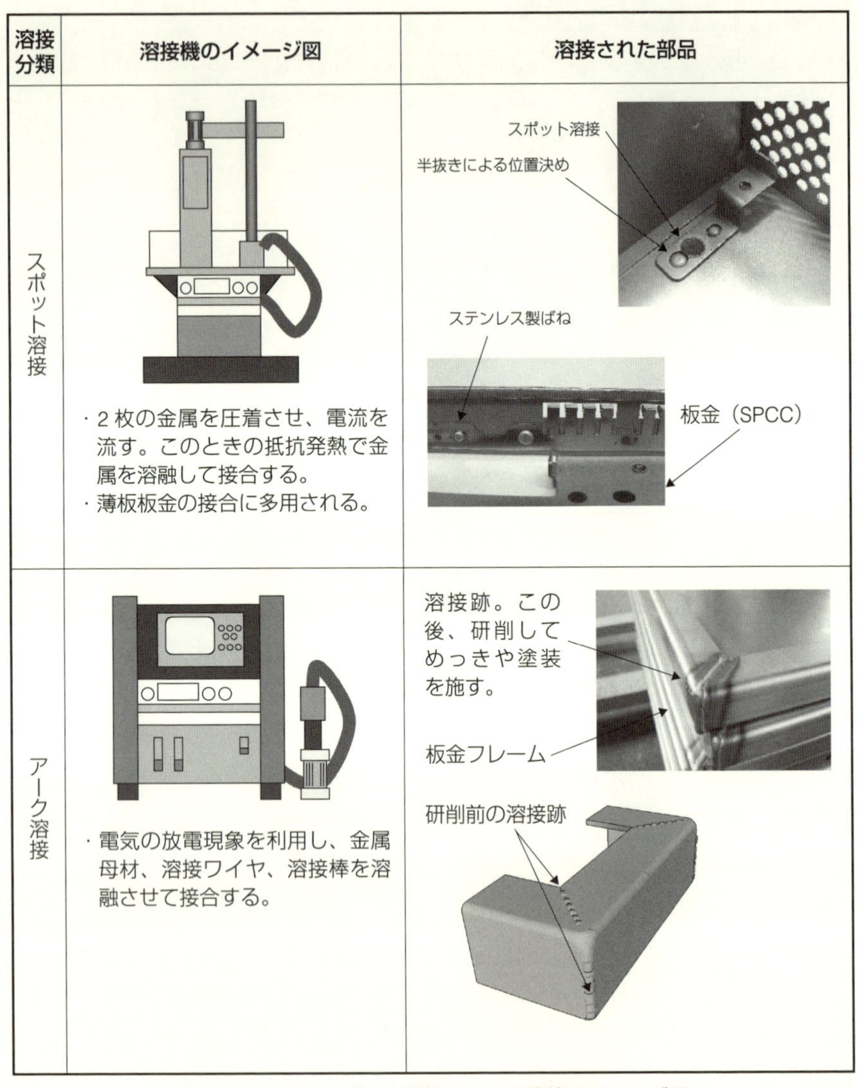

図表3-1-5　スポット溶接とアーク溶接のイメージ図

また、第3位のレーザ溶接も無視できない数値ですが、レーザー溶接は、スポット溶接とアーク溶接を学べばその応用で設計できます。したがって、本書では省略しました。

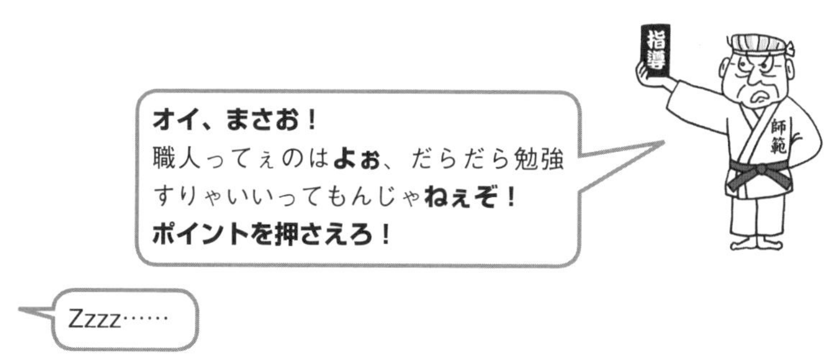

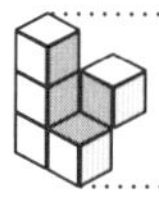

3-2. 溶接の得手不得手を知る

どんなにすばらしいベテラン設計者でも、何も知らない初心者時代があったかと思います。しかし、いくら初心者でも、溶接屋と接する場合に、単語のひとつも知らない打合せは、何と言っても当人自身が一番辛いと思います。

さて、このような場合、初心者はどうしたらよいでしょうか？

新技術にチャレンジする場合や、新分野に乗り込む場合、最短で理解できるコツがあります。それは、まず初めに単語を覚えることです。

あらたな技術へのアプローチは、まず、単語を理解することがベテラン技術者への早道である。

それでは早速、溶接の単語を覚えましょう。とは言っても、各種溶接機の購入や使い方やメンテナンス方法の単語ではありません。設計初心者に最も効果的な方法は、「溶接の得手不得手」の単語です。**図表3-2-1**で実践してみましょう。

溶接	加工	故障モード (故障の現象)	故障の影響	下図参照
スポット	溶融	・熱膨張 ・熱収縮 ・熱変形	1）母材の熱変形、熱歪み 2）平面度、垂直度、直角度の変形 3）溶接部の応力集中 4）溶接部からの錆発生 5）位置決め困難	① ② ③ ④ ⑤
アーク			6）スパッタ発生 7）溶着強度の検査ができない。	

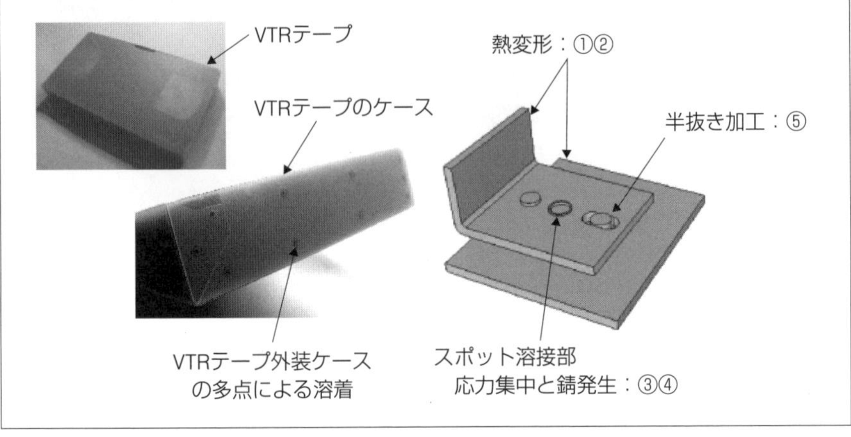

図表3-2-1　溶接の故障モードとその影響

溶接とは金属同士の結合のため、金属を溶解するほどの熱が局部的にかけられます。変形しないはずがありません。このように、図中の「故障の影響」欄で、1)、2)、3) は、「故障モード」欄から容易に想像できます。したがって、本項では詳細な解説は省略します。

また、6) のスパッタとは、アーク溶接で飛散する金属の微粒子のことです。粒径約1 μm～数mmの粒子が金属表面に付着するため、めっき剥がれや塗装不良の原因になっています。さらに、製品内の電気回路上に落下すれば短絡の原因にもなっています。

一方、「故障モード」からは想像できない 4)、5)、7) を次項で解説しましょう。前ページの厳さんがいうポイントを解説します。

3-2-1. 溶接部は錆びやすい

図表3-2-1の「故障の影響」欄で4）を解説します。実は、鉄系金属、とくにステンレス系金属の溶接は注意が必要です

近年、急激に使用されているのがステンレス材であり、その代表格はJIS名SUS304であり、オーステナイト系ステンレス鋼と呼ばれます。

ステンレス材をせん断、曲げ、絞り、溶接などの加工を施すと、その箇所が「加工硬化」を起こし、錆びやすく、または、磁化します。

その事例は、あまりにも衝撃的な事故です。

かつて、原子力発電所における原子炉冷却パイプや、塩分除去装置、蒸気配管部には、オーステナイト系ステンレス鋼の応力腐食割れの事故を数多く経験し、放射能漏れが発生しました。

【原因】

図表3-2-2のA、B、Cは、いずれもアーク溶接の溶着不良を示しています。その溶着不良によって、各所に隙間が生じています。そこに液体が溜まることで錆が進行しやすくなります。

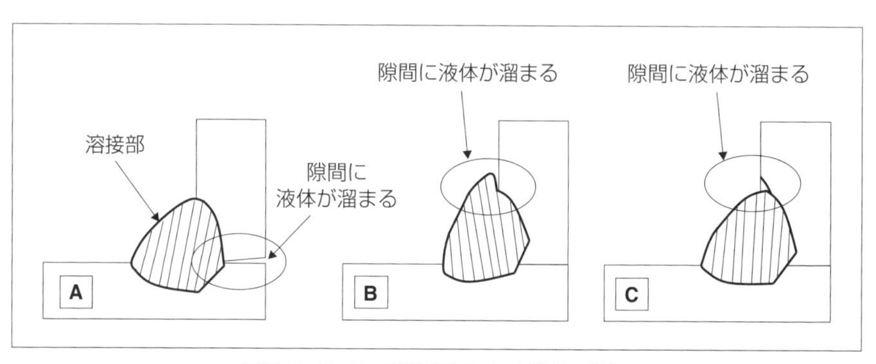

図表3-2-2　溶接不良による隙間の発生

【対策】

一般的な環境下や条件下では問題はありません。一般的とは常温常湿環境下であり、強酸・強アルカリにさらされないという意味です。また、腐食しても、原油や有毒ガスや放射能などの漏れにより、社会的ダメージを与えることがない条件下です。

どうしても、錆の進行を回避したいという場合は、

① 塗装：ステンレスへの塗装を推奨。汚れ防止のためにステンレスに塗装することは一般的に行われている。また、ステンレス素材企業も塗装を推奨している。

② 材料変更：SUS304からSUS316へ材料変更する場合があるが、設計検証は必須である。また、コストも**図表3-2-3**のように上昇する（コスト係数が3.38から4.40へ3割上昇）。

③ 高度な溶接技術の要求：図表3-2-2に示したような溶接ミスがない溶接技術を要求する。

いずれも、抽象的なアドバイスです。そこで、「どうしても」の場合は、材料企業や溶接企業との相談が必要です。このとき、すべての環境条件を提示しないと無駄な相談となりますので、注意してください。「お客様は次工程」を忘れずに。

【目安】比重：7.9　縦弾性係数：193kN/mm²、横弾性係数：75kN/mm²
線膨張係数：右表　ポアソン比：0.30　熱伝導率：16W/(m·K)

線膨張係数：×10⁻⁶/℃	
SUS304	17.3
SUS316	16.0

		Q				C	D
No	記号	サイズ (mm)【目安】	引張強さ (N/mm²)【目安】	降伏点 (N/mm²)【目安】	特徴 / 用途（切削用と板金が混在）	コスト係数	入手性
[17]	SUS 304	【厚さ】0.3 - 6.0	520	210	【特徴】耐食性、非磁性、冷間加工の硬化で微磁性発生（磁化あり）、光沢、加工性良好、18 - 8 ステンレス（旧称） 【用途】食品容器、洗浄用カゴ、時計部品、キッチン（厨房部品）、タンク、灰皿	3.38	良好
[19]	SUS 316	【厚さ】0.3 - 6.0	520	210	【特徴】SUS304よりも耐食性向上、耐塩水、耐薬品、耐酸性、高強度、磁化少ない 【用途】医療器具の部品、時計ベルト、時計裏蓋、体温計、高級食器	4.40	良好

図表3-2-3　SUS304とSUS316の特性表（実務版）
出典：ついてきなぁ！材料選択の『目利き力』で設計力アップ（日刊工業新聞社刊）

組立/現地力 オーステナイト系ステンレス鋼[注]の溶接部は、加工硬化を起こし、錆が発生しやすい。

注：オーステナイト系ステンレス鋼の代表格に、SUS304、SUS316、SUS310がある。また、安価なSUS430は、フェライト系ステンレス鋼と呼ばれている。

3-2-2. 位置決め困難とその対策ワザ

次に、図表3-2-1の「故障の影響」欄で5）を解説します。**図表3-2-4**を見てください。

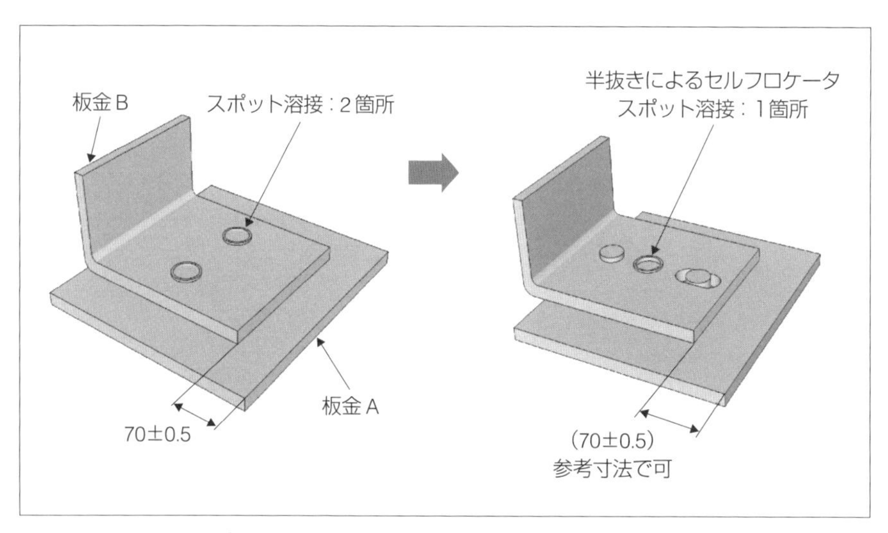

図表3-2-4 困難な溶接の位置決め作業とその対策

図中の左側の事例に関して、スポット溶接の作業、つまり、お客様の作業を想像してみましょう。

① 板金Aの右端から70 ± 0.5を狙ってケガキ線を引く。
② その線に沿って、板金Bの端部を揃える。
③ 板金Aを右手で押さえる。
④ 板金Bを左手で押さえる。
⑤ 溶接電極を口でくわえる？？？

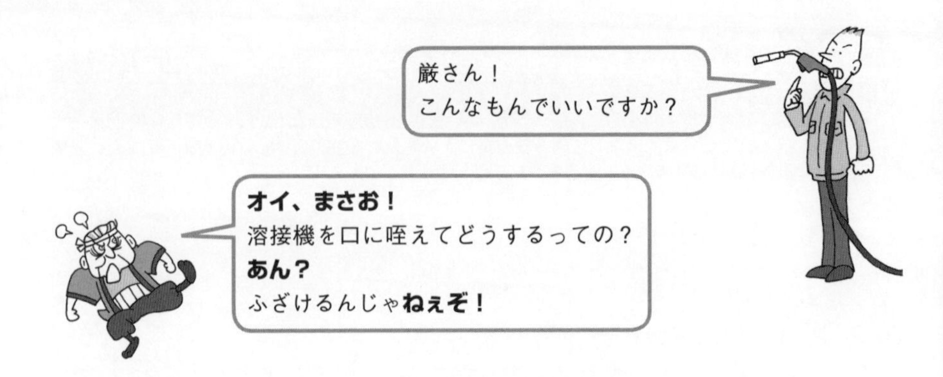

厳さんの怒りを鎮めるためには、図表3-2-4右側のワザを使います。それが、**図表3-2-5**に示す「セルフロケータ」と呼ぶ設計ワザです。

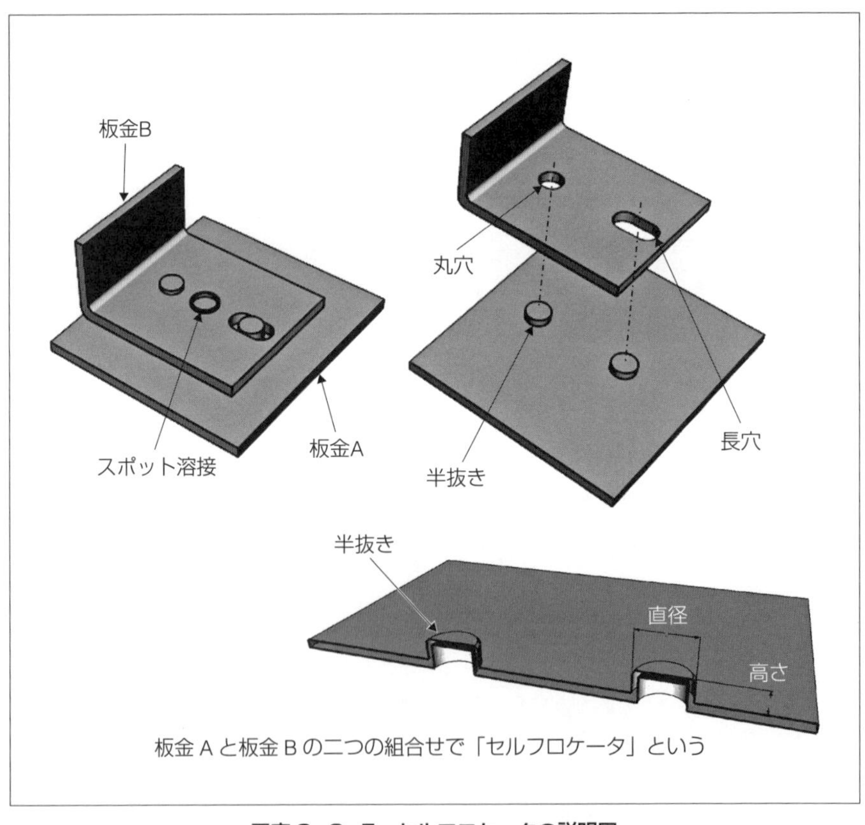

図表3-2-5　セルフロケータの説明図

セルフロケータとは、板金Aに板金Bを組み付ける場合、ケガキ線を引かず、組立治具も使わずに、目を閉じても誰が組んでも同じ位置精度で組立てられるように工夫された設計ワザです。「お客様は次工程」という概念があれば、当然とも思える設計手段です。

その一例が、図表3-2-5です。板金の被溶接側（母材）に、半抜き（または、ダボ）と呼ばれる加工法でボス（凸部）を設け、溶接側に穴と長穴を設けています。

3-2-3. 溶接の位置公差

溶接は、複数の板金を接合するわけで、溶融による変形だけでなく、複数部分の位置合わせ、位置精度が大きな課題となります。

溶接作業者の手作業によるバラツキから、溶接治具やセルフロケータを設けることで、溶接位置に関するバラツキを改善します。

図表3-2-6は、治具もしくは、セルフロケータを設けたときの位置公差です。

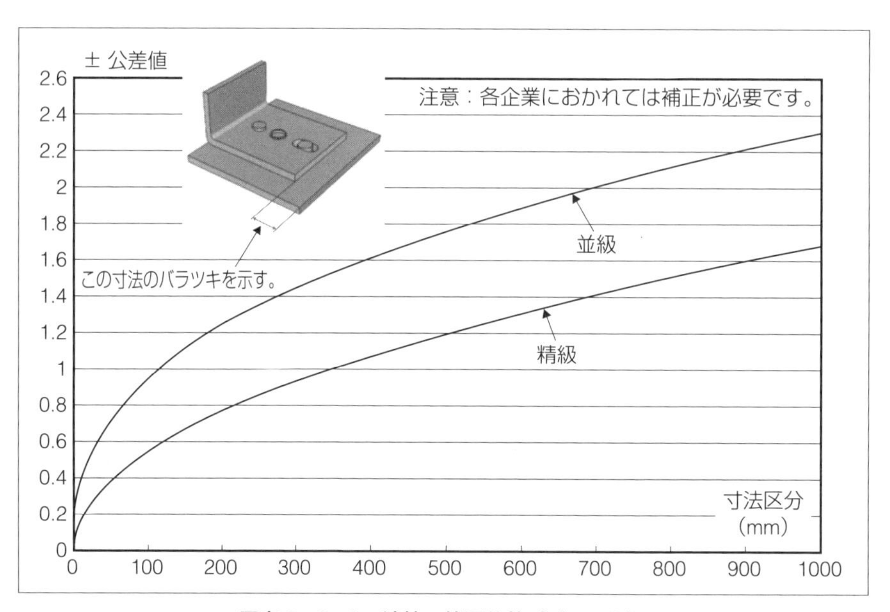

図表3-2-6　溶接の位置公差（バラツキ）

図中には「並級」と「精級」がありますが、なるべくなら「並級」を基本に設計してください。どうしてもというときは、「精級」でも構いませんが、その要求分だけコストは上昇します。「精級」は、「加工可能だけど、お値段は高いよ！」の意味です。

溶接の作業性向上と溶接位置のバラツキを少なくする「セルフロケータ」を導入しよう。

厳さん！
精級って、コスト高かもしれませんが、しっかり、値切りますよ。

オイ、まさお、よく聞け！
要するに世界第一位の日本の生産技術なら、なんでもできちゃうのよ。
しっかしよぉ、高精度を望むなら、金払えっての！あん？
「お客様は次工程」を忘れるな！

3-2-4. 溶接最大の弱点

最後は溶接の弱点。

溶接とは、「規定通りに溶接されたか否か不明」というのが難点です。以降は、図表3-2-1の「故障の影響」欄で7）を解説します。

溶接の強度を検査することは困難であり、溶接剥がれは人命を奪う場合もあります。したがって、溶接が剥がれても故障の影響が小さいときは少ない溶接箇所でも十分ですが、人命を奪う場合や、危険度が大きい場合は、多点溶接による冗長設計（じょうちょうせっけい）が求められます。

たとえば、身近な樹脂部品に置き代えてみましょう。図表3-2-1をもう一度見てください。

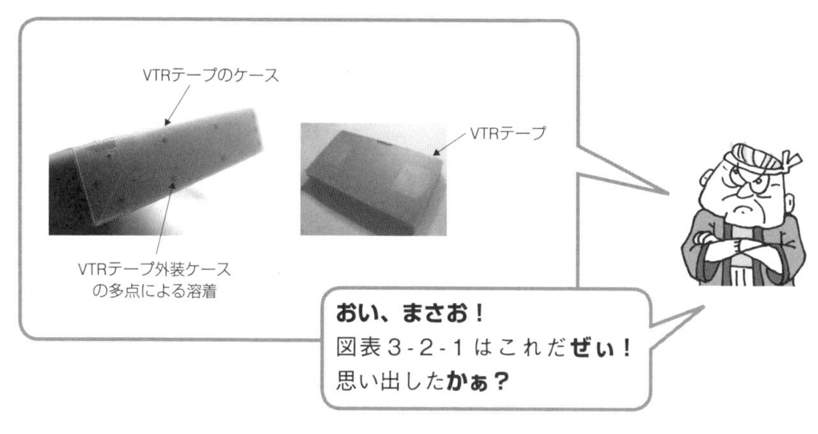

厳さん、ありがとうございます！
懐かしいVTR用のテープですね。今、買ってきました。

樹脂の場合は、溶接ではなく溶着と言いますが、高周波溶着、超音波溶着、熱板溶着、振動溶着などがあります。図中にあるVTRテープ用の半透明ケースを観察しますと、スポット溶接のようなものが数多く加工されていることに気がつきます。これは、溶着痕です。

なぜ、薄い樹脂シートの結合に多箇所の溶着が必要なのかを考えてみましょう。答えは、故障の影響の内、図表中の3）と7）を回避するためです。

溶接最大の弱点を言い換えると、強度検査が不可能であることです。当然のことですが「破壊検査」などできません。外観検査しかできないのです。さらにわかりやすく言えば、「溶接できたかどうかわからない！」ということです。

溶接最大の弱点は、「溶接できたかどうかわからない」。したがって、多点溶接の冗長性を考慮する必要がある。

「溶接の最大の弱点は溶接できたかどうかわからない」……なんとも言えない技術的に情けない表現に、「それでは、設計的にはどうすればいいのだろうか？」と対策を練ってみましょう。

最大の弱点を設計側で補うには、……

① 多点で溶接する。
② 溶接はがれがあっても、機器のダメージを最小限に押さえる。
③ 得手不得手の方向性を考慮する。

さて、上記③の方向性に関してですが、**図表3-2-7**のどちらが溶接にとっては有利でしょうか？ ちょっと考えてみてください。

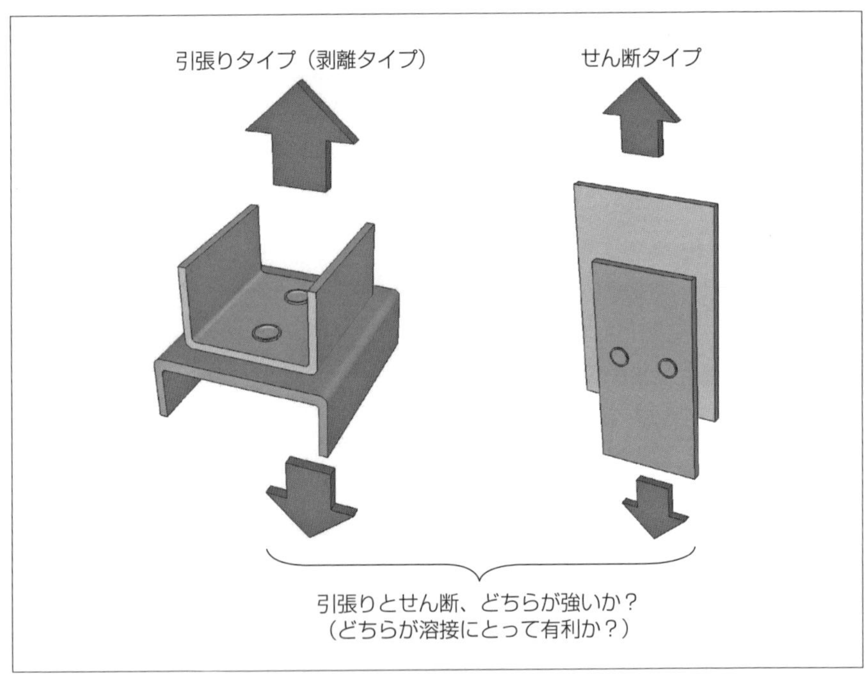

図表3-2-7 溶接強度の方向性

意外や溶接の現場でも知らない情報がありました。

専門書やWeb検索しても、なかなかその答えを見つけることができません。実は、右側の方が強いのです。

それでは、身近な例で確認してみましょう。

① 瞬間接着剤（1）：図表3-2-7の2種の模型を作る。材料は板金や樹脂の板材でよい。左側がはがれやすく、右側が強いと気づく。
② 瞬間接着剤（2）：瞬間接着剤のメーカーのホームページにアクセスする。そのテクニカルページに、瞬間接着剤の理想的な接着方向が記述してある。
③ マジックテープ：**図表3-2-8**に示すマジックテープを使用した実験で容易に確認できる。

図表3-2-8　マジックテープによる引張り／せん断の簡易実験

接着方向、両面テープ方向、はんだ方向、そして、溶接方向は、引張り方向よりも、せん断方向が有利である。

べらんめえ！
溶接できたかどうかわからねぇだとぉ？
オメェら、それでも職人**かっ？**

厳さん！
そっ、そうなんです。

溶接方向 / 接着方向 / 両面テープ方向 / はんだ方向

溶接は、せん断タイプが有利であることを解説しました。

近年、低コスト化のためにねじによる部品締結を避け、接着や両面テープによる締結が増加しています。この両者の場合も、せん断タイプが有利です。

そして三つ目は、**図表3-2-9**に示す電気基板などの「はんだ」です。電気基板Aのコネクタを引き上げると、電線と基板のはんだ部は引張りタイプに相当し、はんだが剥がれる恐れがあります。一方、電気基板Bは、せん断タイプなので、はんだには有利です。

電気基板Aの対策として、はんだ部とコネクタ間の電線の一部を、ナイロンクランプなどで固定することを推奨します。

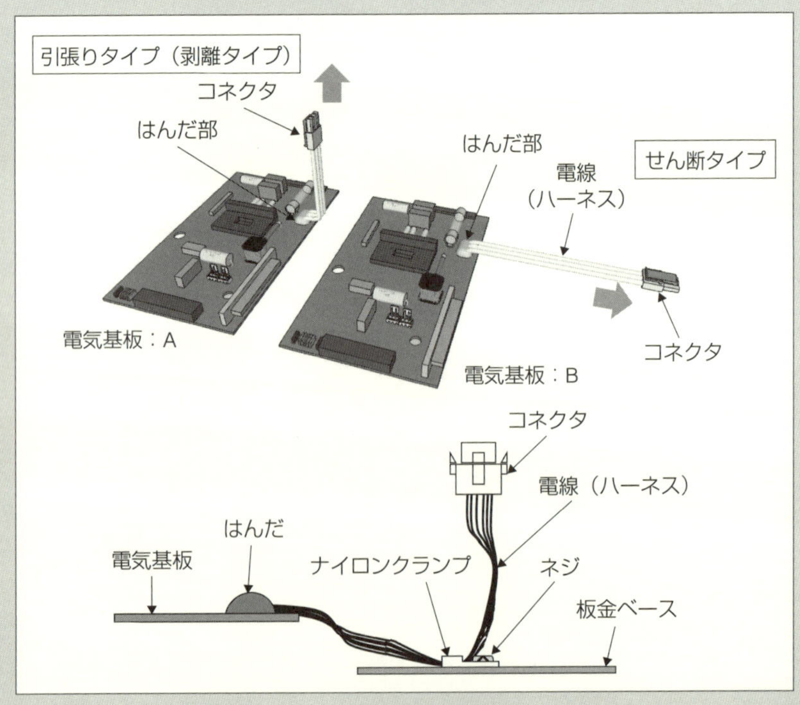

図表3-2-9　電気基板と電線のはんだ付け

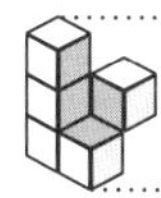

3-3. スポット溶接の設計ルール

図表3-1-3では、溶接のランキングを解説しました。その第一位であるスポット溶接に関して、設計側とお客様とのルールを**図表3-3-1**と**図表3-3-2**に掲載しておきます。

以下は、多用されるスポット溶接に関する明確な設計ルールです。

① スポット溶接の「電極」が部品上方からアクセスできること。
② 部品の溶接部に「電極」が容易に接触できること。
③ 不用意な箇所に触れてリークしないこと。

以上を設計考慮すればよいのです。

電極が上方からアクセスできないときのために、図表3-3-2に示すクランクタイプの電極も用意されていますが、そのときでも、部品Aと部品Bに示すルールが存在します。

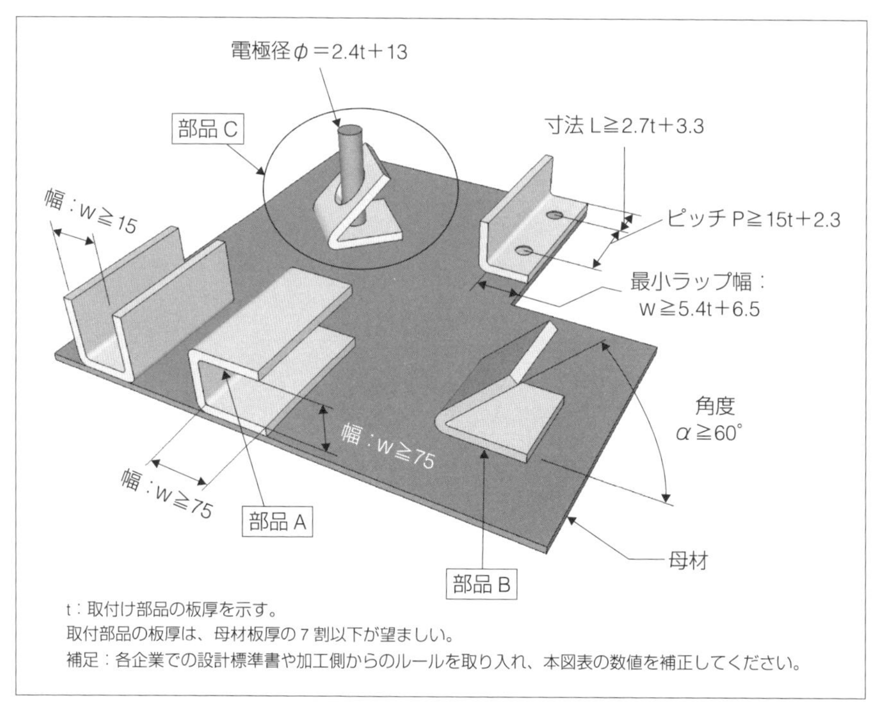

図表3-3-1 スポット溶接の設計ルール（その1）

また、図表3-3-1の丸印を付けた部品Cですが、屋根に穴を開ければ電極を通すことができます。その断面を図表3-3-2に示しました。この場合、お客様との事前打ち合わせを推奨します。

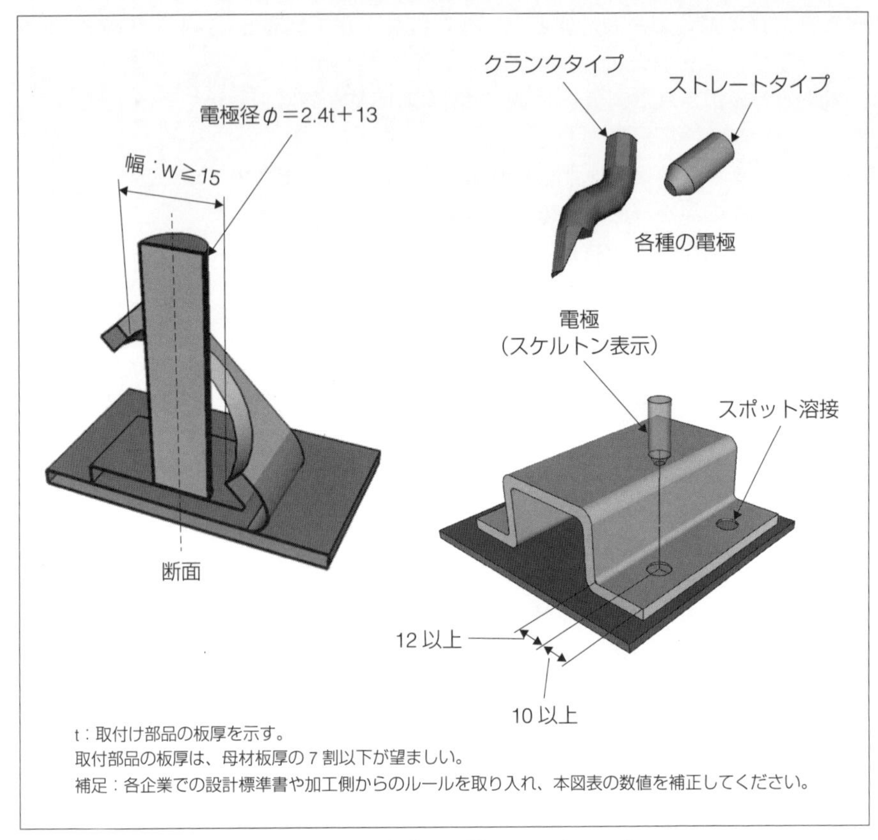

図表3-3-2　溶接の設計ルール（その2）

組立/現地力
スポット溶接にも、簡単な設計ルールが存在する。

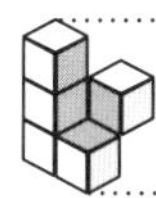

3-4. スポット溶接の設計見積り方法

第1章では、樹脂製、および、板金製のブックエンドを題材に、各種の公式を使って設計見積りを復習しました。また、第2章では、東北地方や南九州などの地域別国内生産や、韓国や中国、シンガポールやタイなどにおける見積りも把握できたと思います。

本項は、第1章と第2章が基本知識となりますので、設計見積りに関する理解が不十分な場合には、何度読も前章を読み返してください。

本項では、**図表3-4-1**に示す実務公式集に沿って、スポット溶接の設計見積りを解説します。

【公式3-4-1】

スポット溶接の設計見積り＝段取り工数費＋スポット工数費

【公式3-4-2】

段取り工数費＝基準段取り工数費（ロット1000） ×段取り数×ロット倍率

段取り数とは、ベース板金を除く、溶接する部品点数のこと。

【公式3-4-3】

スポット工数費＝6.5×(スポット単価のロット倍率)×スポット数

図表3-4-1　スポット溶接用設計見積りの実務公式集
（補足：これらの公式はセルフロケータありの場合である）

オイ、まさお！
「**段取り**」ってあるけどよぉ、オメェ
覚えてっ**かぁ**？
職人としての基本用語だ**ぜぃ、あん？**

厳さん！
もちろん、覚えていますよ。第2章の項目2-2-5
のカレーライスの事例にありましたよね。

それでは早速、図表3-4-2のスポット溶接における設計見積りを実施してみましょう。部品L、部品Uともに、半抜きによるセルフロケータ付きです。

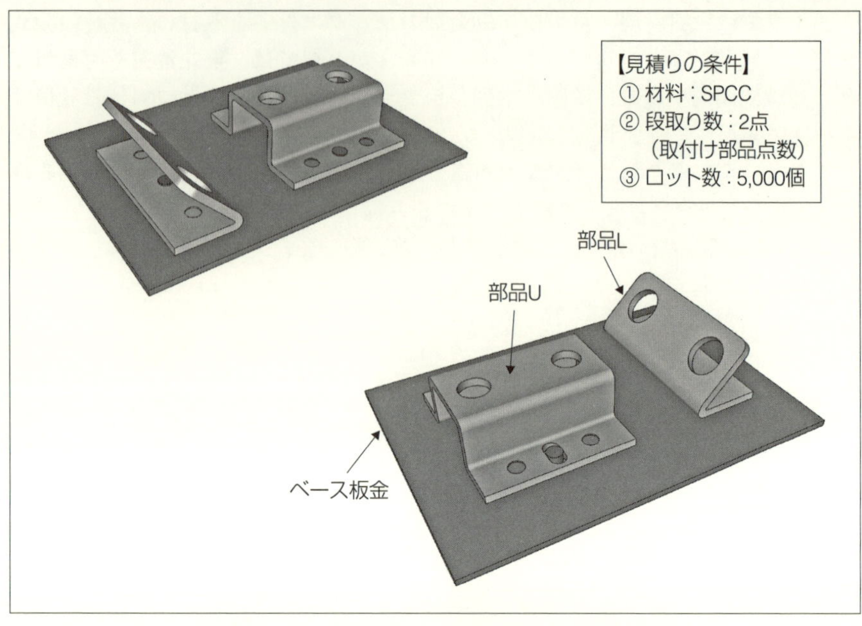

図表3-4-2　スポット溶接の設計見積り課題

3-4-1. スポット溶接の基準段取り工数を求める

板金の材料費、せん断、曲げなどの設計見積りは、第1章で復習しました。本項では、スポット溶接に関してその段取り工数から求めます。

段取りとは、料理と同じようにまな板に食材を載せ、包丁を入れる前段階の工数、つまり、料理の準備段階の工数を意味します。溶接も同様に、図表3-4-2のロット1000を基準とした「基準段取り工数」を**図表3-4-3**から求めます。

図中横軸の「溶接する部品点数」とは、ベース板金を除く部品点数を意味します。たとえば、図表3-4-2の場合は、「部品L」と「部品U」の「2点」と数えます。

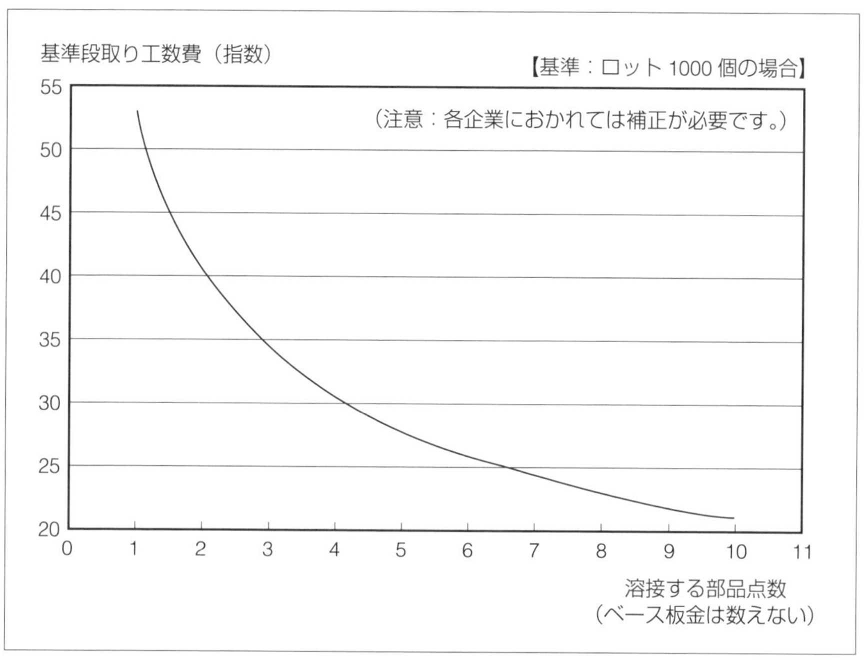

図表3-4-3　スポット溶接する部品点数とその基準段取り工数費
（補足：基準とはロット1000個の指数を意味する）

縦軸は、「指数」となっていますが、設計見積りなら「円」と考えても構いません。縦軸に物価指数を加味すれば、10年前でも10年後でも見積りが可能です。

【課題（図表3-4-2）の基準段取り工数費】

図表3-4-2の課題では、ベース板金を除く、溶接する部品は2点です。したがって、図表3-4-3より、40指数（円）と読み取れます。

3-4-2. スポット溶接の段取り工数に関するロット倍率

次に量産効果、つまり、ロット倍率を**図表3-4-4**から求めます。

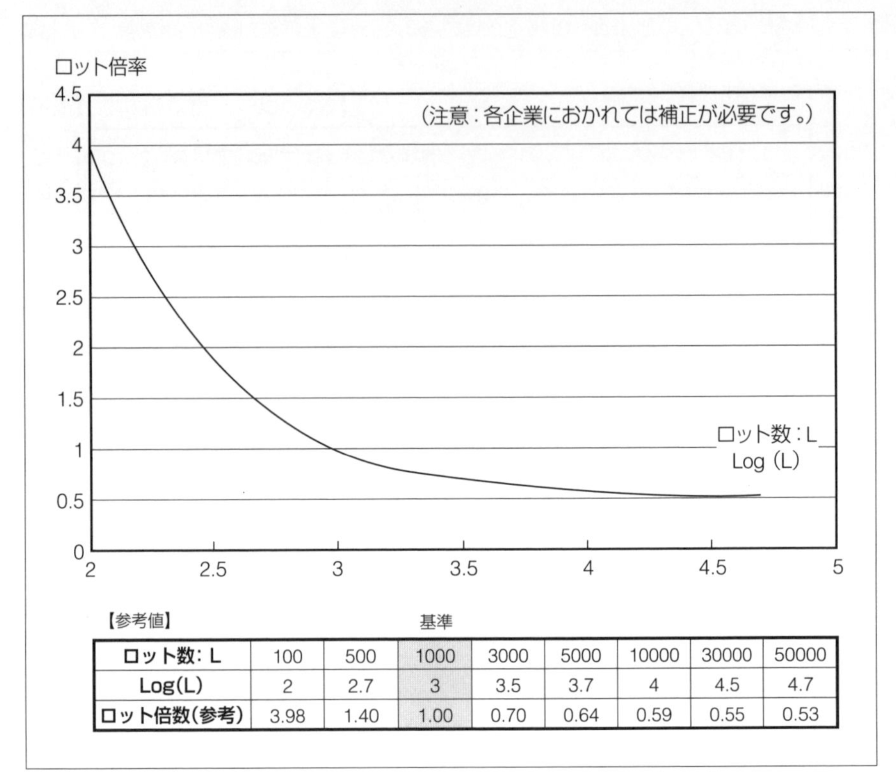

ロット数：L	100	500	1000	3000	5000	10000	30000	50000
Log(L)	2	2.7	3	3.5	3.7	4	4.5	4.7
ロット倍数(参考)	3.98	1.40	1.00	0.70	0.64	0.59	0.55	0.53

図表3-4-4　スポット溶接の段取り工数に関するロット倍率（量産効果）

【課題（図表-4-2）の段取り工数費のロット倍率】

図表3-4-2の課題より、ロット5,000個なので、上図表のグラフより0.64と読み取れます。

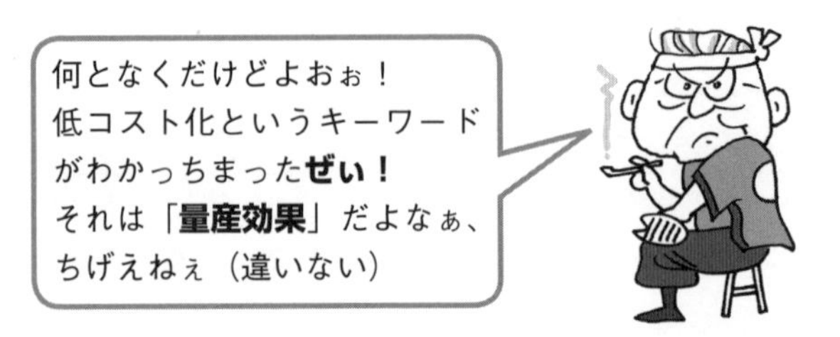

3-4-3. スポット溶接単価のロット倍率を求める

ロット1000の時のスポット単価が「6.5指数（円）」です。**図表3-4-5**は、これに関しての量産効果はどのように増減するかを求めます。

6.5指数（円）は、当事務所のクライアント企業から情報収集した平均値です。

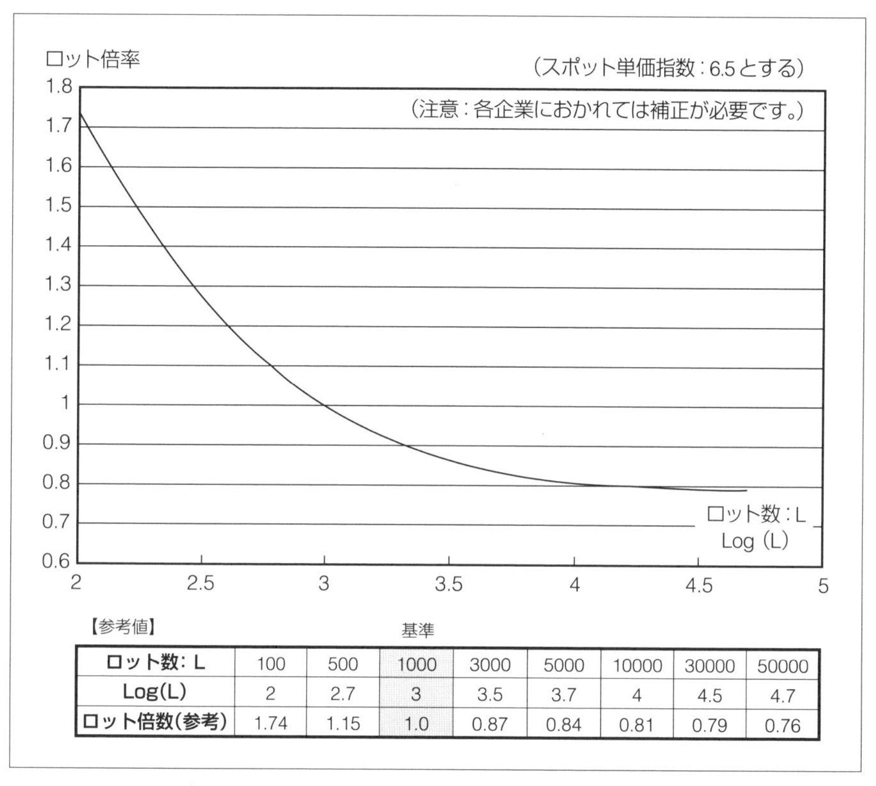

ロット数：L	100	500	1000	3000	5000	10000	30000	50000
Log(L)	2	2.7	3	3.5	3.7	4	4.5	4.7
ロット倍数(参考)	1.74	1.15	1.0	0.87	0.84	0.81	0.79	0.76

図表3-4-5　スポット溶接単価のロット倍率（量産効果）

【課題（図表3-4-2）のスポット溶接単価のロット倍率】

図表3-4-2の課題より、ロット5,000個なので、上図表のグラフより0.84と読み取れます。

3-4-4. スポット溶接に関する課題のまとめ

以上の算出結果より、図表3-4-1に記載した公式3-4-2から、

段取り工数費＝基準段取り工数費（ロット1000）×段取り数×ロット倍率

＝40 × 2（部品）× 0.64

＝**51.2指数（円）**

ここで「段取り数」とは、設計見積りにおいては、段取り数≒溶接する部品点数としています。

次に、同、公式3-4-3から、

スポット工数費 ＝6.5 ×（スポット単価のロット倍率）×スポット数

＝6.5 × 0.84 × 6（箇所）

＝**32.8指数（円）**

最後に、同、公式3-4-1から、

スポット溶接の設計見積り＝段取り工数費＋スポット工数費

＝51.2 ＋ 32.8

＝**84.0指数（円）**

この課題の場合、セルフロケータが設けられているので、低コストでスポット溶接が可能になりました。

スポット溶接におけるセルフロケータの設置は、設計の常識であり、お客様は次工程の代表事例である。

厳さん！
溶接って組立の代表格だっていうことが理解できました。

おぉ、そうかい！
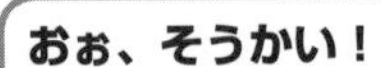
職人ならよぉ、原価をはじいて一人前だろがぁ、**あん？**

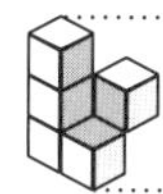

3-5. アーク溶接の設計ルール

本項では、図表3-1-3に示した溶接ランキングのうち、第2位であったアーク溶接に関する「お客様」を理解します。

それでは早速、**図表3-5-1**に代表的なアーク溶接を掲載します。

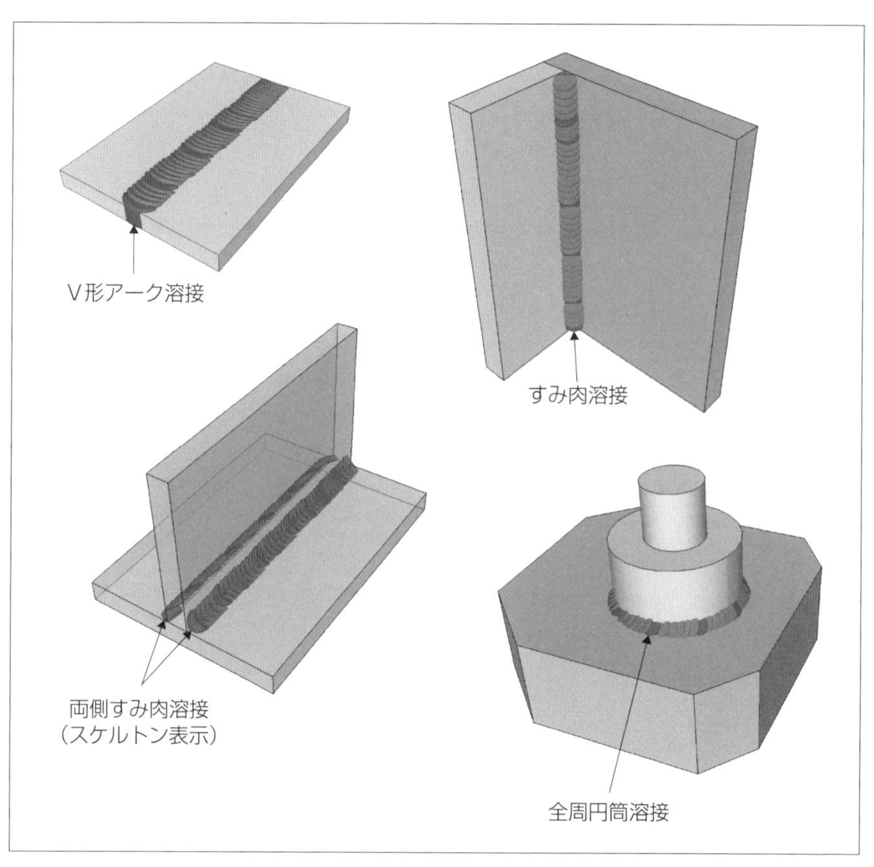

図表3-5-1　各種のアーク溶接

次の**図表3-5-2**と**図表3-5-3**には、アーク溶接に関する設計情報を掲載しました。ただし、板厚は5 mmまでの参考値です。板厚を含め、各種材質に対する適合可否は、各企業にて確認が必要です。

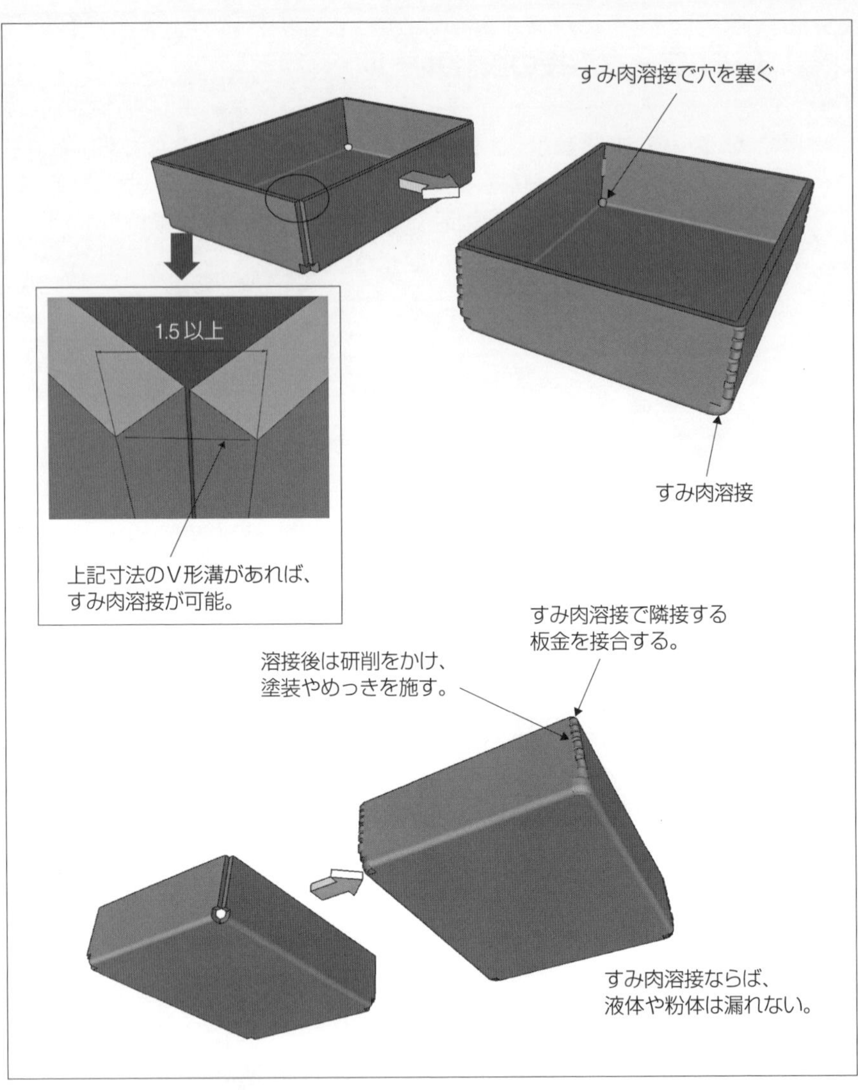

図表3-5-2　アーク溶接の設計情報（その1）

図表3-5-2には、設計ルールも記載されています。ルール箇所は、四角で囲んだ部分です。そのキーセンテンスを以下に示します。

アーク溶接のV形でもI形でも溝幅は、1.5以上であること。

まずは、たった一つのルールを設計考慮すればよいのです。

アーク溶接のV形でもI形でも溝幅は、1.5以上であること。

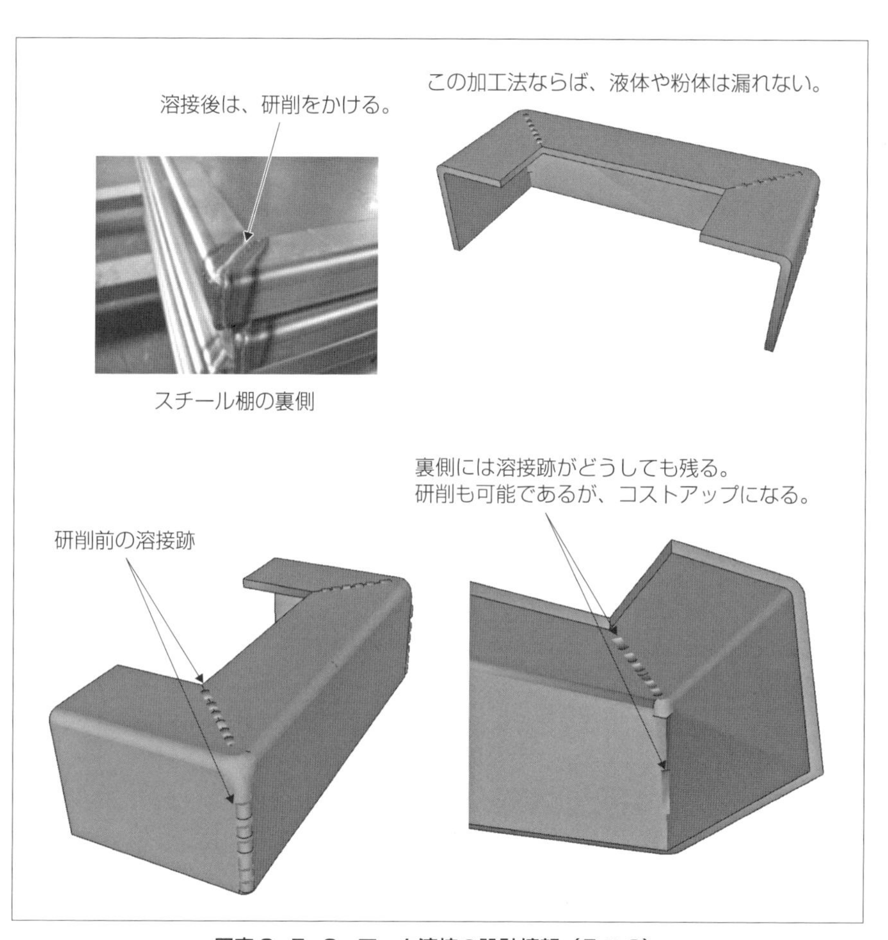

図表3-5-3　アーク溶接の設計情報（その2）

このルールを理解できたら、**図表3-5-4**でさらなる設計ルールを理解しましょう。ただし、板厚は5 mmまでの参考値です。

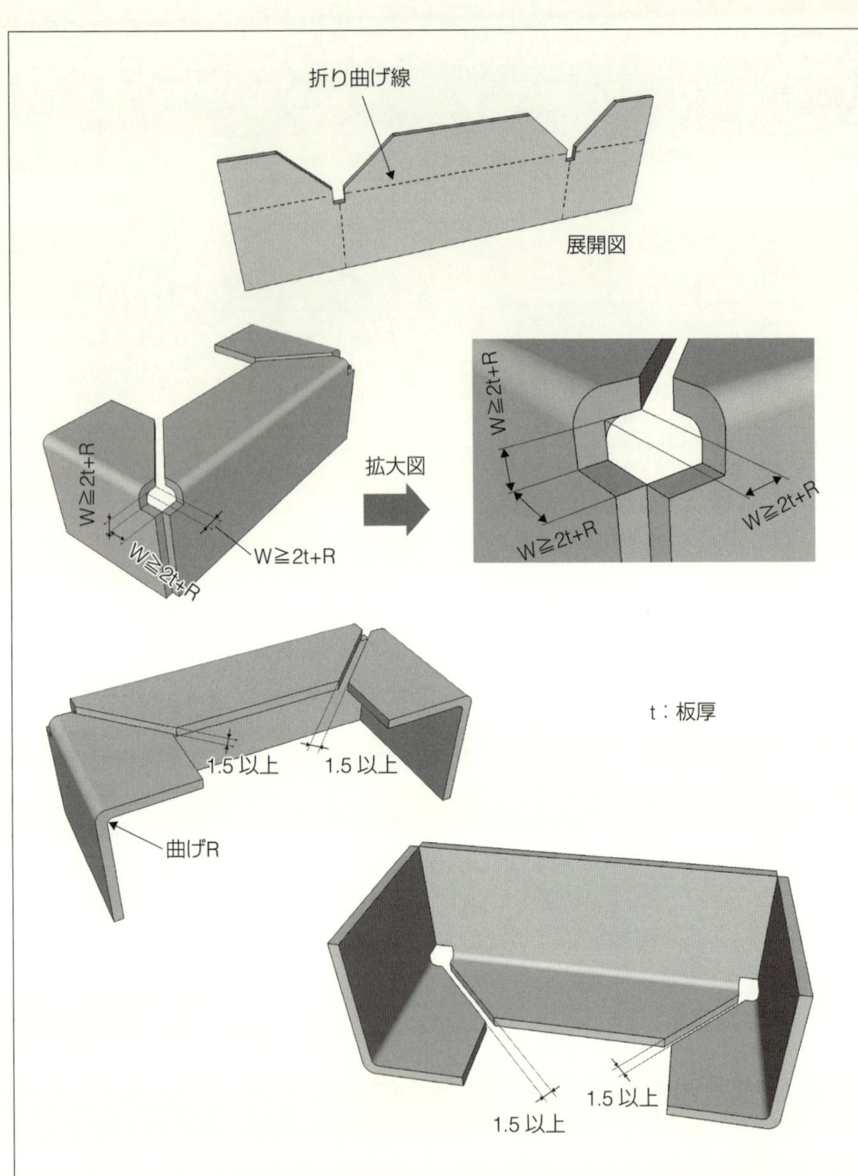

図中の「R」とは、内側の曲げRを意味する。通常、曲げRは、板厚tと同じ数値となる。
例）板厚2 mmの曲げRは、「R2」となる。

注意：数値や関係式に関して、各企業においては、確認や補正が必要である。

図表３-５-４　アーク溶接の設計ルール

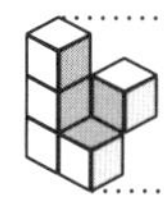

3-6. アーク溶接の設計見積り方法

スポット溶接同様に、**図表3-6-1**に示す実務公式集に沿って、アーク溶接の設計見積りを解説します。

ただし、これらは溶接治具を用いた場合の実務公式集です。「溶接治具を用いた場合」とは、一品一品を手作りで溶接する作業ではありません。作業効率の向上を期して、溶接用の作業治具を用いています。

【公式3-6-1】

アーク溶接の設計見積り＝段取り工数費＋アーク工数費

【公式3-6-2】

段取り工数費 ＝ 基準段取り工数費（ロット1000）
× 段取り数 ×ロット倍率

段取り数とは、ベース板金を除く、溶接する部品点数のこと。

【公式3-6-3】

アーク工数費 ＝ 1.3×（アーク単価のロット倍率）×溶接長

溶接長とは、アーク溶接長さの合計

図表3-6-1　アーク溶接用設計見積りの実務公式集
（補足：これらの公式は、溶接治具ありの場合である）

アーク溶接も、セルフロケータ、もしくは、溶接治具が必須である。

それでは早速、**図表3-6-2**のアーク溶接における設計見積りを実施してみましょう。部品J、部品K、部品Mのすべては、溶接治具による作業と仮定します。

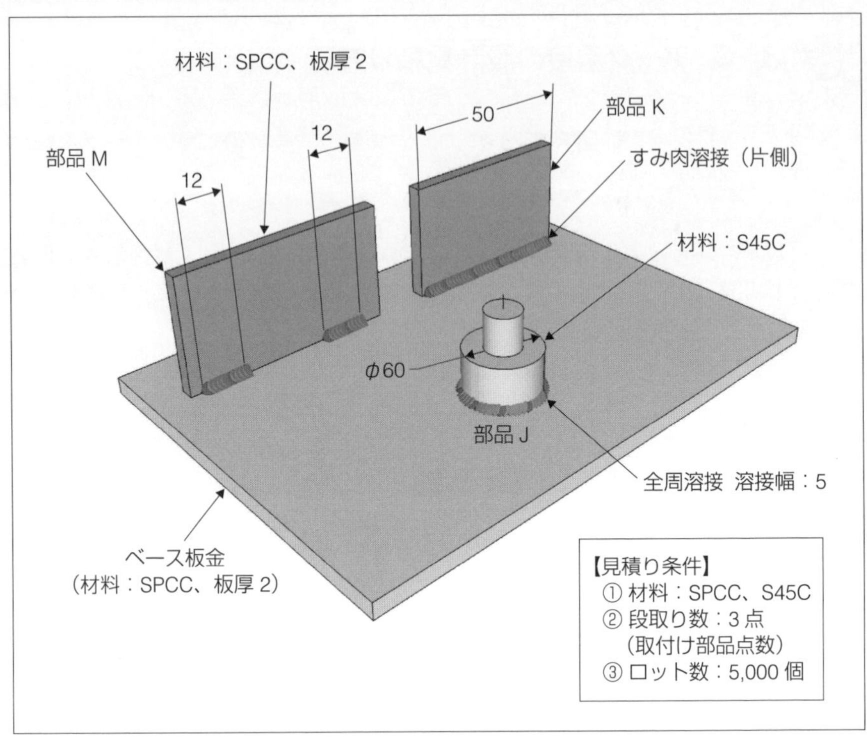

図表 3-6-2　アーク溶接の設計見積り課題

アーク溶接の設計見積り ＝ 段取り工数費＋アーク工数費

3-6-1. アーク溶接の基準段取り工数を求める

前項目のスポット溶接同様に、アーク溶接に関して、その段取り工数から求めます。

まず初めに、図表3-6-2のロット1000を基準とした「基準段取り工数」を**図表3-6-3**から求めます。

図中横軸の「溶接する部品点数」とは、ベース板金を除く部品点数を意味します。たとえば、図表3-6-2の場合は、「部品J」と「部品K」と「部品M」の「3点」と数えます。

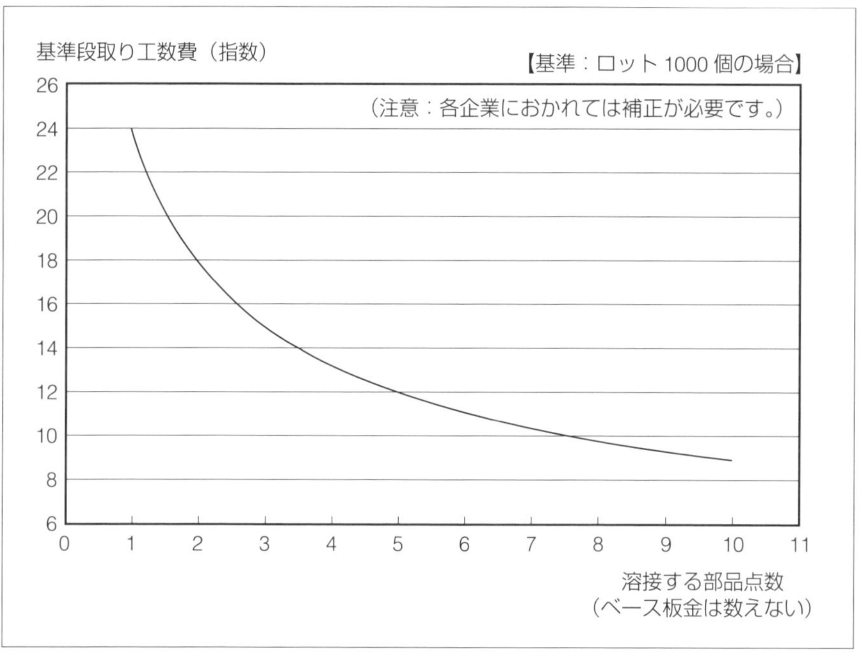

図表3-6-3　アーク溶接する部品点数とその基準段取り工数費
（補足：基準とはロット1000個の指数を意味する）

縦軸は、「指数」となっていますが、設計見積りなら「円」と考えても構いません。縦軸に物価指数を加味すれば、10年前でも10年後でも見積りが可能です。

【課題（図表3-6-2）の基準段取り工数費】

図表3-6-2の課題では、ベース板金を除く、溶接する部品は3点です。したがって、図表3-6-3より、15指数（円）と読み取れます。

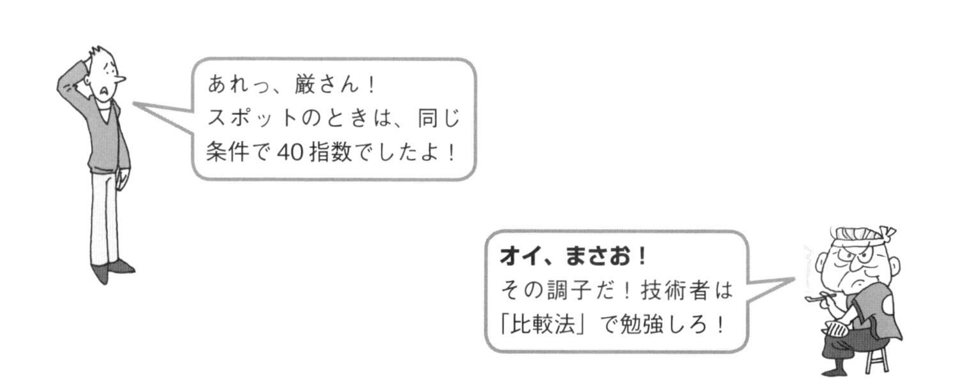

3-6-2. アーク溶接の段取り工数に関するロット倍率

次に量産効果、つまり、ロット倍率を**図表3-6-4**から求めます。

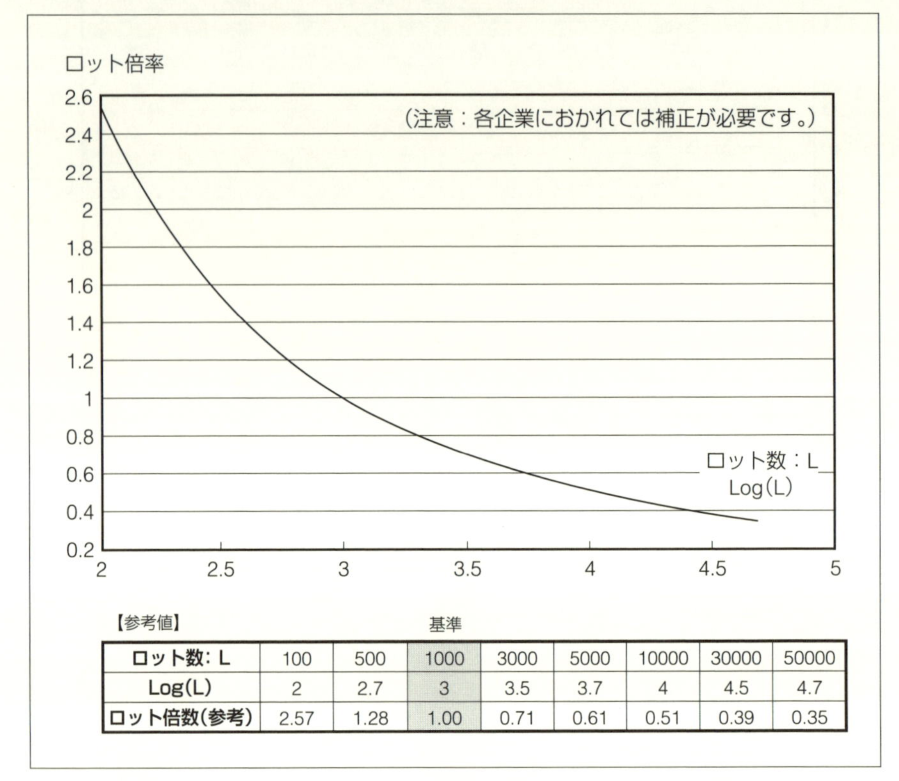

ロット数：L	100	500	1000	3000	5000	10000	30000	50000
Log(L)	2	2.7	3	3.5	3.7	4	4.5	4.7
ロット倍数(参考)	2.57	1.28	1.00	0.71	0.61	0.51	0.39	0.35

図表3-6-4　アーク溶接の段取り工数に関するロット倍率（量産効果）

【課題（図表3-6-2）の段取り工数費のロット倍率】

図表3-6-2の課題より、ロット5,000個なので、上図のグラフより0.61と読み取れます。

厳さん！
このロット倍率は、スポットよりも穏やかなカーブですね。

オイ、まさお！
このカーブから、スポットとアークの生産特性が分析できるかもな？

3-6-3. アーク溶接単価のロット倍率を求める

図表3-6-5では、アーク溶接の長さに関する単価のロット倍率を求めます。アーク溶接の単価とは、「指数（円）/mm」のことです。つまり、「1ミリ当たり1.3指数（円）」の単価に関して、量産効果はどのように増減するかを求めます。

1.3指数（円）は、当事務所のクライアント企業から情報収集した平均値です。

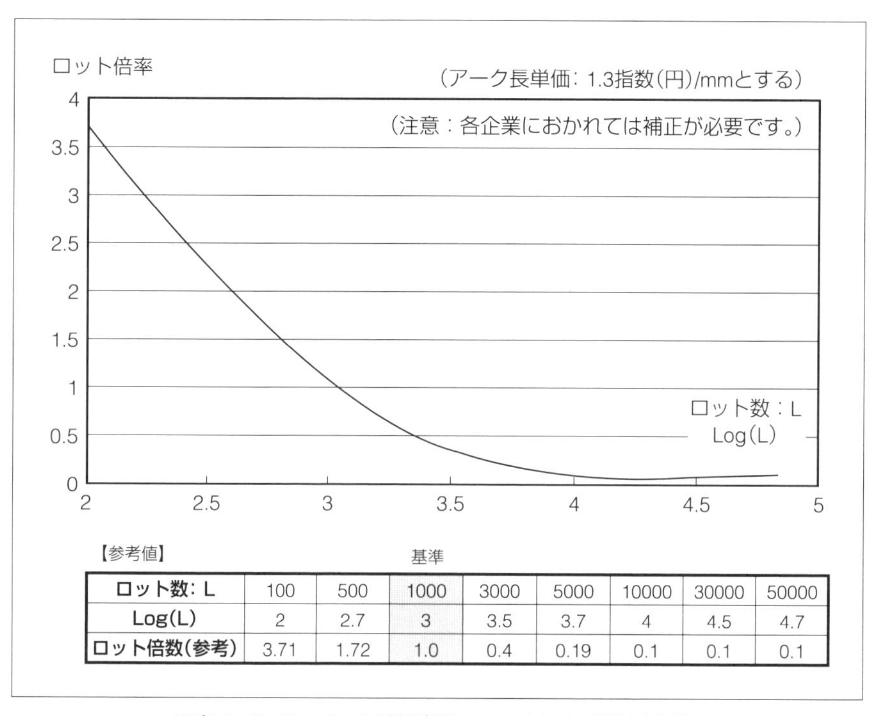

ロット数: L	100	500	1000	3000	5000	10000	30000	50000
Log(L)	2	2.7	3	3.5	3.7	4	4.5	4.7
ロット倍数(参考)	3.71	1.72	1.0	0.4	0.19	0.1	0.1	0.1

図表3-6-5　アーク溶接単価のロット倍率（量産効果）

【課題（図表3-6-2）のアーク溶接単価のロット倍率】

図表3-6-2の課題より、ロット5,000個なので、上図のグラフより0.19と読み取れます。

3-6-4. アーク溶接に関する課題のまとめ

以上の算出結果より、図表3-6-1に記載した公式3-6-2から、

段取り工数費＝基準段取り工数費（ロット1000）×段取り数×ロット倍率
＝15×3（部品）×0.61
＝27.5指数（円）

ここで「段取り数」とは、設計見積りにおいては、段取り数≒部品点数（ベース基板を除く）としています。

次に、同、公式3-6-3から、

アーク工数費＝1.3×（アーク単価のロット倍率）×溶接長
＝1.3×0.19×278
＝68.6指数（円）

ここで溶接長＝50（部品K）＋12×2（部品M）＋（60＋5）×π
＝50＋24＋204＝278

最後に、同、公式3-6-1から、

アーク溶接の設計見積り＝段取り工数費＋アーク工数費
＝27.5＋68.6
＝96.1指数（円）

この課題の場合、溶接治具ありの条件下でしたので、低コストでアーク溶接が可能になりました。

アーク溶接における溶接治具の設置は、設計の常識であり、お客様は次工程の代表事例である。

厳さん！
今、大事な箇所ですよ！

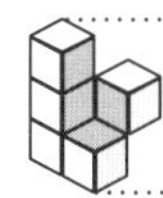

3-7. どちらが安いの？ スポット溶接とアーク溶接

ここまで、スポット溶接とアーク溶接に関する「お客様」の実態を理解できたと思います。「スポット溶接とアーク溶の相違」などでWeb検索すると、それらの詳細な分類や、加工機器や工具の説明だけが満載されています。分類好きの学者はこれで満足ですが、筆者のような設計職人が、これだけの情報では生活できません。そう！コストの情報がまったくないのです。

さて、その気になるコストですが、スポット溶接とアーク溶のどちらが安いのでしょうか？ 下記を条件に概算比較してみました。

【比較条件や補足など】

① **図表3-7-1**による見積り条件

② データは、國井技術士設計事務所の全クライアント企業からの提供

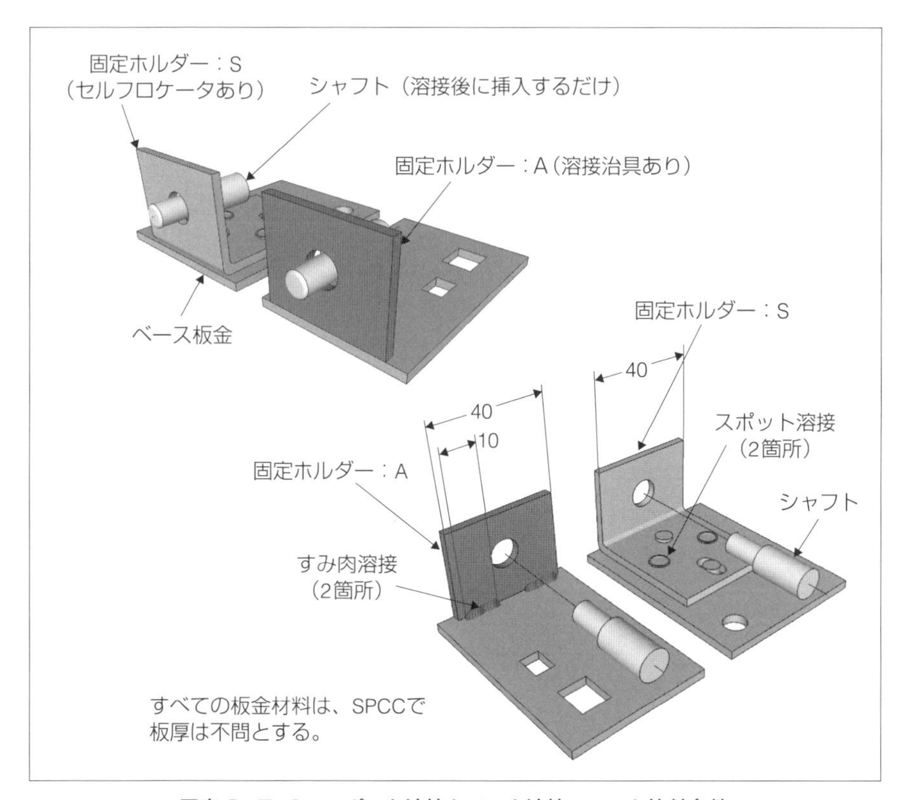

図表3-7-1　スポット溶接とアーク溶接のコスト比較条件

結果は、**図表3-7-2**に示す通りです。おそらく、初公開の貴重なデータです。以下、考察してみましょう。

① スポット溶接の方が、アーク溶接よりも高い。(意外ですね)
② スポット溶接のコスト高は、その段取りに起因している。
③ スポット溶接のスポット工数は断トツに低コストである。
④ スポット溶接に関する低コスト化のコツは、お客様とともに段取り工数の削減がキーポイント。
⑤ アーク溶接に関する低コスト化のコツは、アーク溶接工数、つまり、溶接長を含む、溶接時間の短縮がキーポイント。

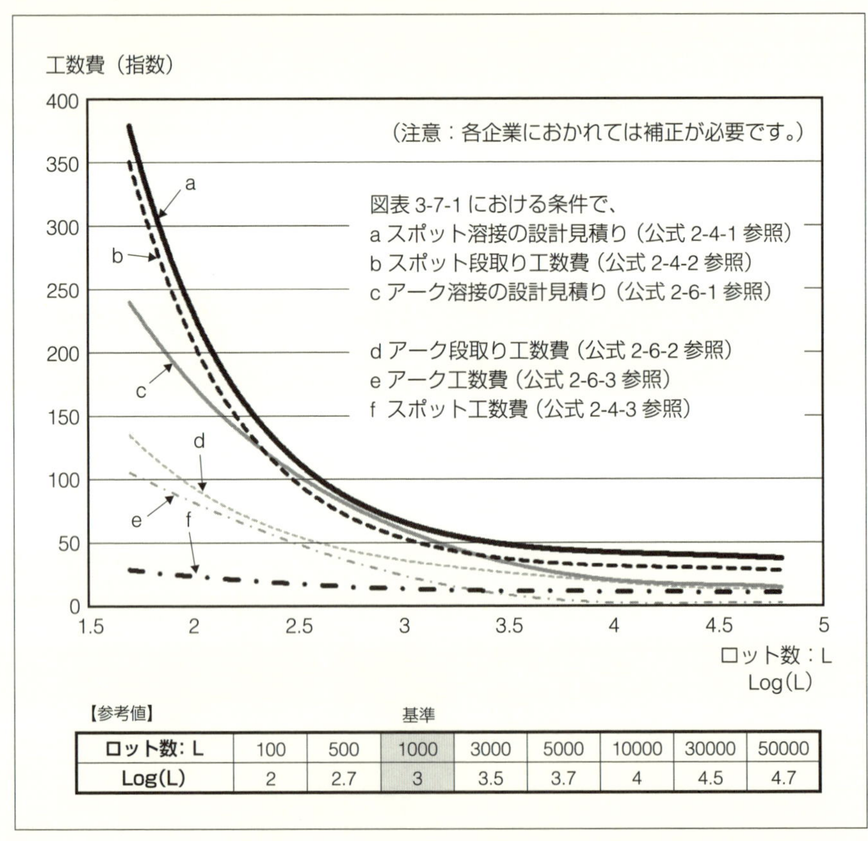

ロット数:L	100	500	1000	3000	5000	10000	30000	50000
Log(L)	2	2.7	3	3.5	3.7	4	4.5	4.7

図表3-7-2 スポット溶接とアーク溶接のコスト比較の結果(國井技術士設計事務所調べ)

重複しますが、図表3-7-2のデータや前記考察は、当事務所のクライアント企業の場合に有効です。

そのクライアント企業とは、家電、OA機器、精密機器の業界です。航空機や造船、重機や重電やプラントなど他業界の場合、独自調査が必要です。

スポット溶接に関する低コスト化のコツは、お客様とともに段取り工数の削減がキーポイント。

アーク溶接に関する低コスト化のコツは、アーク溶接工数、つまり、溶接時間の短縮がキーポイント。

現地化設計のキーポイントが二つ並びました。ここは、素通りできる箇所ではありません。一方、溶接が組立の代表格であることを裏付けました。

厳さん！
「**お客様は次工程**」や「**お客様を理解する**」という真の意味がわかりました。

お客様を理解しなければ、**低コスト化や現地化設計**ができないことも理解できました。

オイ、まさお！
よく理解したじゃねぇかい、きっと、最後の「組立/現地力」ポイントのことだなぁ？少なくとも、冷暖房完備の設計室にいたんじゃ、現地化設計はできねぇってもんよ！

すべては**真剣勝負**だぁ！

組立/現地力・チェックポイント

【第3章 組立の代表格：溶接の加工知識と設計見積り】

第3章における「組立/現地力・チェックポイント」を下記にまとめました。理解できたら「レ」点マークを□に記入してください。

〔項目3 - 1：第2次工程のお客様を知る〕

① 溶接は組立の代表格。溶接を学べば、組立における設計の要領を得ることができる。 □

② 溶接の基本形は、「スポット溶接」と「アーク溶接」である。レーザー溶接も注目すべき技術である。 □

〔項目3 - 2：溶接の得手不得手を知る〕

① あらたな技術へのアプローチは、まず、単語を理解することがベテラン技術者への早道である。 □

② オーステナイト系ステンレス鋼の溶接部は、加工硬化を起こし、錆が発生しやすい。 □

③ 溶接の作業性向上と溶接位置のバラツキを少なくする「セルフロケータ」を導入しよう。 □

④ 溶接最大の弱点は、「溶接できたかどうかわからない」したがって、多点溶接の冗長設計を考慮する必要がある。 □

⑤ 接着方向、両面テープ方向、はんだ方向、そして、溶接方向は、引張り方向よりも、せん断方向が有利である。 □

〔項目3 - 3：スポット溶接の設計ルール〕

① スポット溶接にも、簡単な設計ルールが存在する。 □

〔項目3 - 4：スポット溶接の設計見積り方法〕

① スポット溶接の設計見積り ＝ 段取り工数費＋スポット工数費 □

② スポット溶接におけるセルフロケータの設置は、設計の常識であり、お客様は次工程の代表事例である。 □

〔項目3 - 5：アーク溶接の設計ルール〕

① アーク溶接のV形でもI形でも溝幅は、1.5以上であること。 □

〔項目3 - 6：アーク溶接の設計見積り方法〕

① アーク溶接も、セルフロケータ、もしくは、溶接治具が必須である。 □

② アーク溶接の設計見積り ＝ 段取り工数費＋アーク工数費 □

③ アーク溶接における溶接治具の設置は、設計の常識であり、お客様は次工程の代表事例である。 □

〔項目3 - 7：どちらが安いの？ スポット溶接とアーク溶接〕

① スポット溶接に関する低コスト化のコツは、お客様とともに段取り工数の削減がキーポイント。 □

② アーク溶接に関する低コスト化のコツは、アーク溶接工数、つまり、溶接長を含む溶接時間の短縮がキーポイント □

チェックポイントで70%以上に「レ」点マークが入りましたら、第4章へ行きましょう。

第4章
事例で学ぶ！上方組立 / 水平組立の知識と設計見積り

オイ、まさお！

この第4章では**なぁ**、上方組立、水平組立、Eリング止めなど、基本的な組立知識と設計見積りを学ぶ**ぜぃ！**

厳さん！第3章の溶接は難しかったけど、
第4章の方がカンタンそうですね。
でも、……
発電所や造船の事例は勘弁してください。
身近な事例でお願いしますよ！
車も困ります。机で観察できないし。

【注意】
　第4章に記載されるすべての事例は、本書のコンセプトである「若手技術者の育成」のための「フィクション」として理解してください。

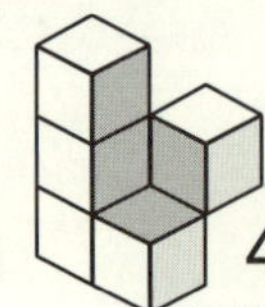

第４章　事例で学ぶ！上方組立／水平組立の知識と設計見積り

４-１. 上方組立と水平組立の設計見積り方法

第３章では、「溶接の加工知識と設計見積り」を学びました。「溶接なんて、当社は無関係！」という人はいませんでしたか？ さびしいですね。

確かに、溶接の基礎知識も解説しましたが、溶接作業というのは、組立の代表格です。その基本形が、**図表４-１-１**に示す上方組立。溶接作業も含めて、すべての部品が上方からのアクセスで可能ならばよいのですが、図中右側の「水平組立」も存在します。

溶接は、組立の代表格（再掲載）。その基本形が上方組立。

また、後に解説する「回転組立」や「反転組立」もあります。本章ではこれらの組立知識と設計見積りの方法を学びます。

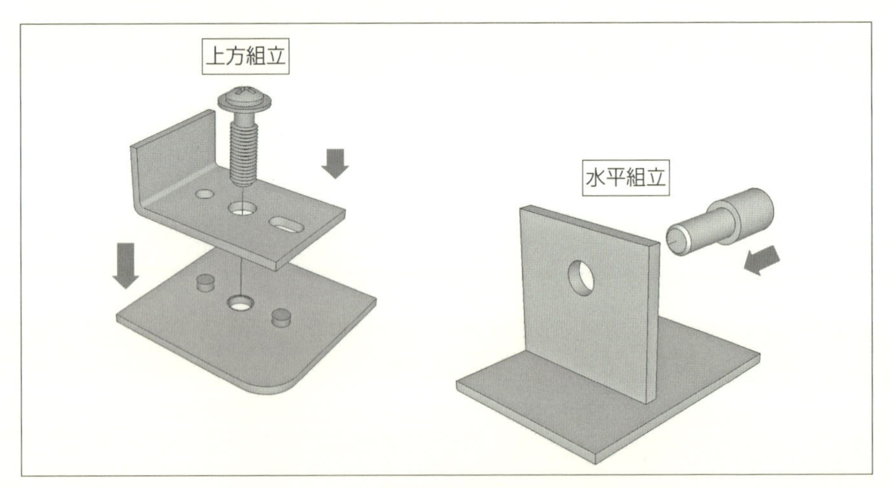

図表４-１-１　上方組立と水平組立のイメージ図

それでは早速、**図表４-１-２**を見てみましょう。組立に関する実務公式集です。図中の公式４-１-３で、「段取り工数を無視できる場合」となっており、本項はこの条件を採用します。

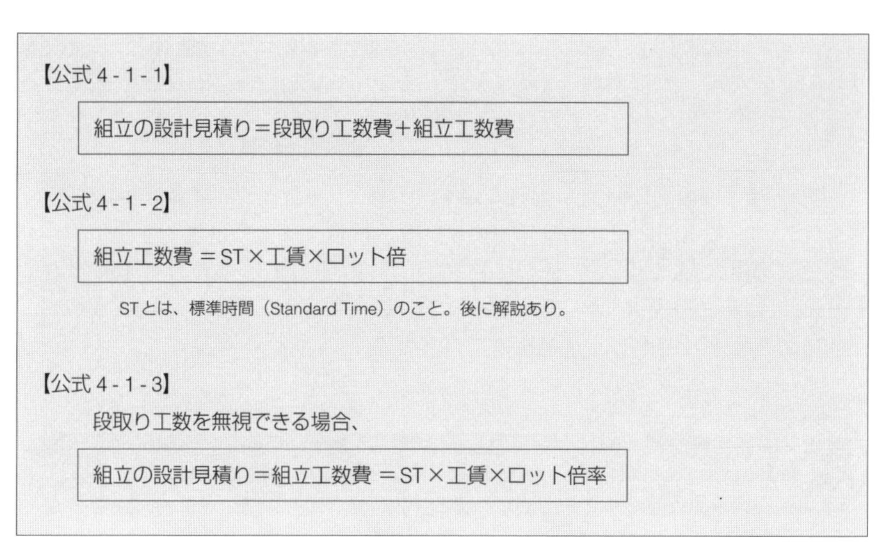

【公式 4-1-1】

組立の設計見積り＝段取り工数費＋組立工数費

【公式 4-1-2】

組立工数費 ＝ST×工賃×ロット倍

STとは、標準時間（Standard Time）のこと。後に解説あり。

【公式 4-1-3】

段取り工数を無視できる場合、

組立の設計見積り＝組立工数費 ＝ST×工賃×ロット倍率

図表 4-1-2　組立用設計見積りの実務公式集

ここで、第3章の図表3-4-1に記載したスポット溶接の見積り公式や、図表3-6-1に記載したアーク溶接の見積り公式と比較してください。

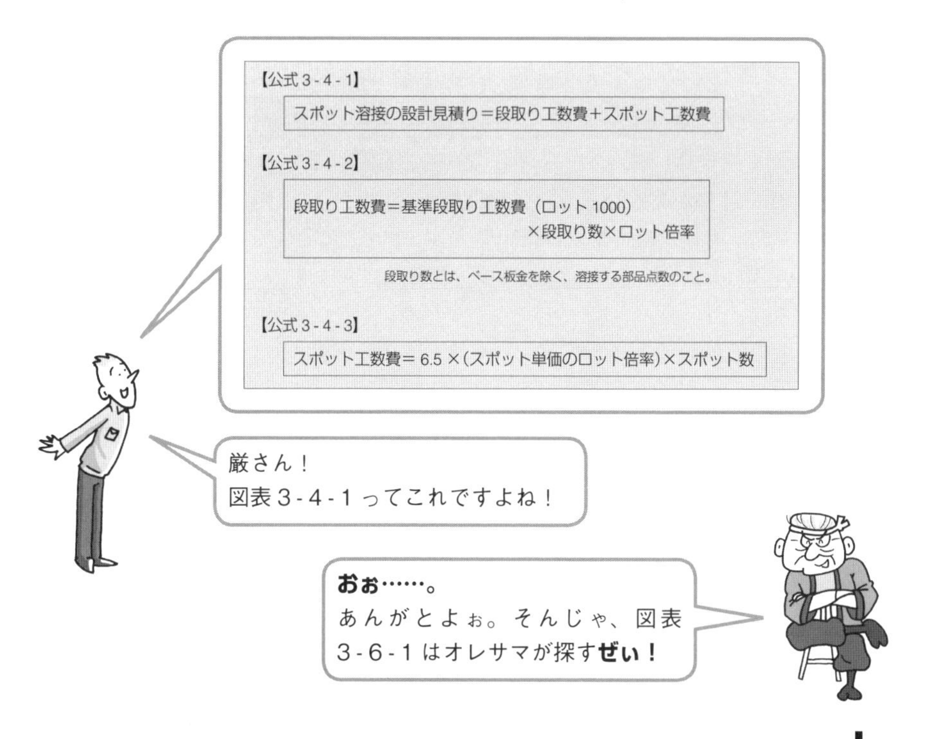

スポット溶接やアーク溶接は、溶接機の準備や溶接治具などの準備（＝段取り）が必要です。準備が整っても、「試し打ち」や「試し溶接」などの確認行為も不可欠です。したがって、段取り工数は無視できません。

一方、組立の場合、組立が困難な場合や、組立によって高精度な微調整を求めなければ、基本的に組立治具は不要であり、段取り工数は無視できます。

もし、無視できない大がかりな組立治工具を使用する場合、第3章の項目3-6-2に記載した図表3-6-4、「アーク溶接の段取り工数に関するロット倍率」が流用できます。ただし、確認や補正が必要です。

組立に関する段取り工数を無視できる場合、組立の設計見積り
＝ 組立工数費 ＝ ST × 工賃 × ロット倍率……となる。

4-1-1. 組立標準時間（ST）の考え

既に掲載済みの図表4-1-2の公式4-1-2と公式4-1-3に「ST」の単語がありますが、この「ST」を解説しましょう。

各業界には、各種作業の標準時間というものが設定されています。

これは、標準作業者を想定し、その作業や工程を完了させる標準的な時間を意味します。飲食店、ホテル・旅館、教育、医療、そして工業界など、どのような業界でも競合が存在する限り、また、お客様への最大のサービスを提供するために、標準時間（Standard Time、略してST）を設定しています。実務では、通常、「ST」と呼び、単位は「分（ふん、Minutes）」です。

話を工業界に絞りましょう。

企業内では、生産設備毎やライン毎にSTが設定されています。もちろん、業種や生産数にも左右される値であり、それぞれにロット倍率[注]が存在します。

注：項目1-3-2、項目1-3-5を参照

そして、自動化、無検査化、海外への生産拠点化など、これらすべてはSTを下げるための熾烈な改善行為です。

各企業は、標準時間（ST）を下げるために、自動化、海外生産など、日夜努力を重ねている。

4-1-2. 組立工数のロット倍率を求める

「組立工数のロット倍率」とは、各種作業に関する「STのロット倍率」と言い換えられます。この先、上方組立と水平組立など、各種の組立に関するSTが掲載されますが、**図表4-1-3**は、これらに共通するロット倍率です。

ここで、重要な事象に気が付きましたか？

実は、この図表4-1-3は、第3章の図表3-4-5、つまり、スポット溶接単価のロット倍率と同じです。「同じにした」のではなく、当事務所のクライアント企業の協力で得た各種組立に関するロット倍率が、スポット溶接単価のロット倍率とほぼ同じだったのです。このデータからも、「溶接は、組立の代表格」であることが裏づけられます。

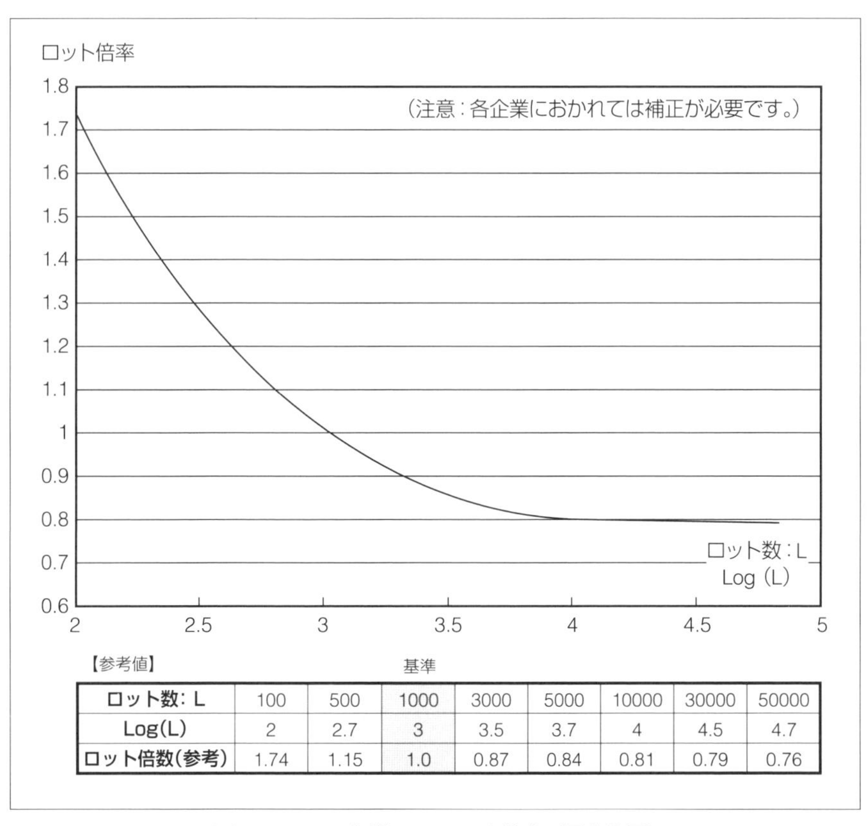

ロット数：L	100	500	1000	3000	5000	10000	30000	50000
Log(L)	2	2.7	3	3.5	3.7	4	4.5	4.7
ロット倍数(参考)	1.74	1.15	1.0	0.87	0.84	0.81	0.79	0.76

図表4-1-3　各種STのロット倍率（量産効果）

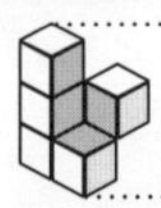

4-2. 事例：文具の穴開けパンチ機から学ぶ組立知識

機械工学の専門書に、各種事例として造船や建設機械や火力発電所などが登場しますが、筆者は凡人につき、それらを身近で見たことも触れたこともありません。したがって、事例のほとんどが理解できませんでした。

そこで、本書の第1章ではブックエンド、第2章ではVTR用ベースやカレーライス、そして、本章では、**図表4-2-1**に示す文具の穴開けパンチ機を事例として選択しました。できれば、あなたの脇に置いて本章の理解を深めてください。その投資金額は、たったの100円から500円です。

だったらよぉ、本だけ眺めていねぇで、自分への投資ぐれぇしろや。オメェも立派な設計職人を目指しているんだろがぁ、あん？

厳さん、わかりました！
早速、100円ショップや文房具店へ行ってきます。

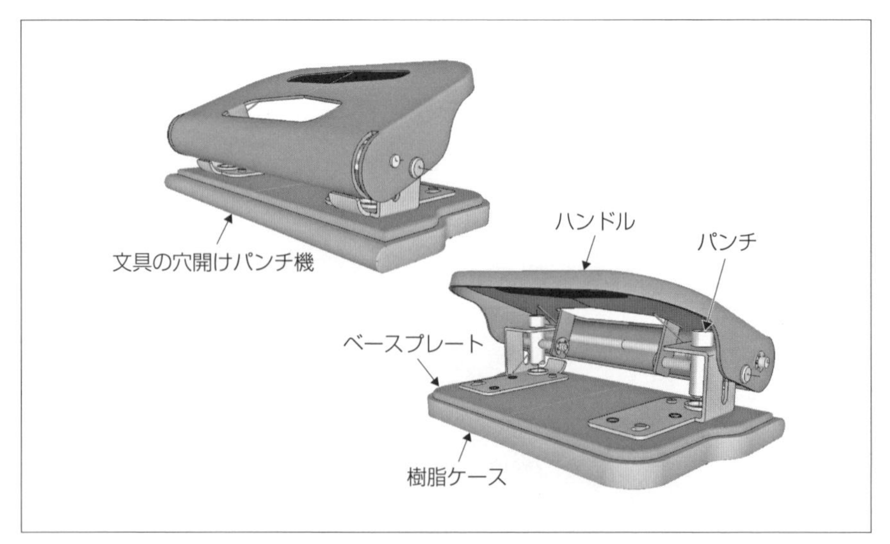

図表4-2-1　文具の穴開けパンチ機

4-2-1. 穴開けパンチ機を分解しよう

それでは、穴開けパンチ機を分解しながら、組立知識と設計見積りを学んでいきましょう。**図表4-2-2**は、100円ショップではなく、文房具店で購入した穴開けパンチ機です。

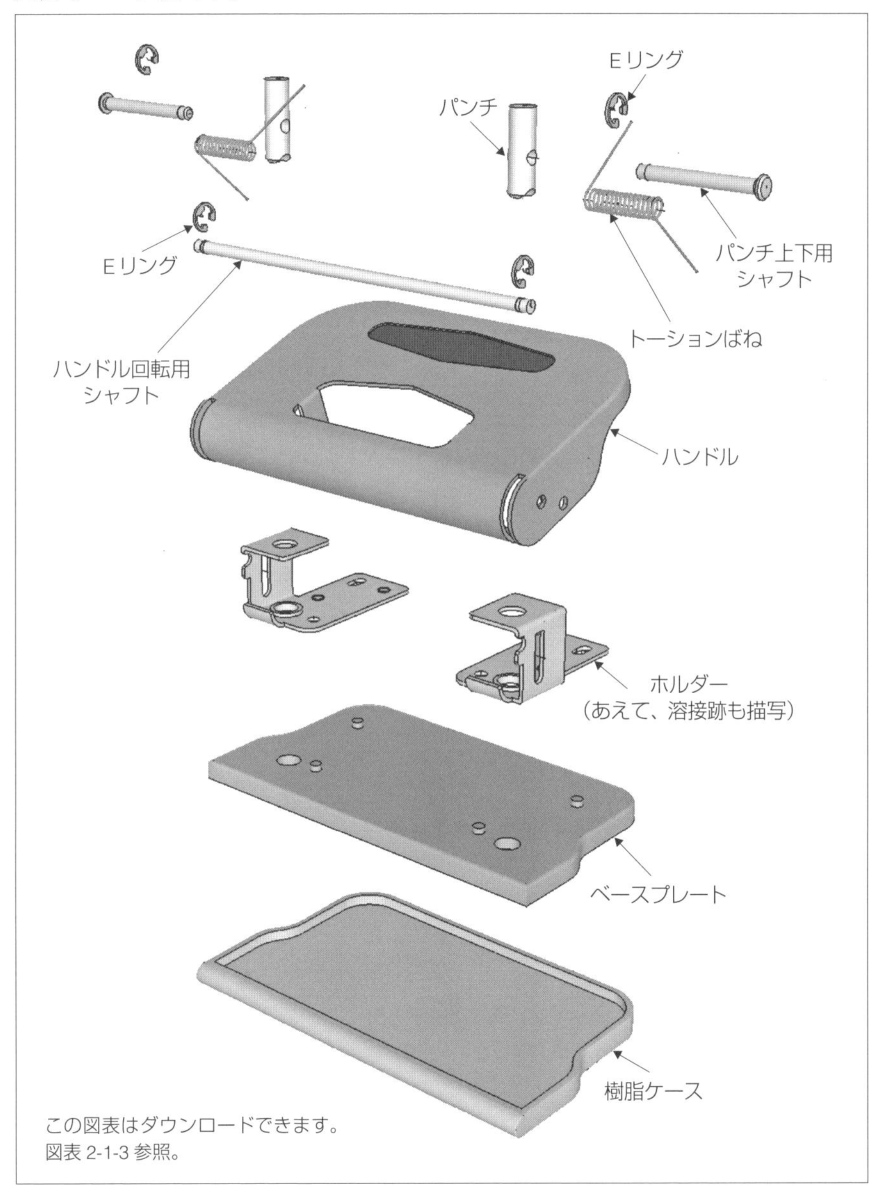

図表4-2-2　穴開けパンチ機の分解図

【組立手順】

① ベースプレートにホルダーをスポット溶接する。セルフロケータにて2×2＝4箇所を溶接。その後、塗装および、乾燥作業。
② ホルダーへパンチを上方から挿入する。（2本）
③ ハンドル回転用シャフトを、ハンドル、ホルダー、トーションばね、もう一つのトーションばね、ホルダー、ハンドルの順で水平方向から挿入。（2本）
④ ハンドル回転用シャフトの両端部に、Eリングを装着する。（2個）
⑤ パンチ上下用シャフトを、ハンドル、ホルダー、パンチ、再びハンドルの順で水平方向から挿入する。（2本）
⑥ 下記⑦のために、組立途中の組体を180度回転。
⑦ パンチ上下用シャフトにEリングを装着する。（2個）
⑧ ベースプレートへ樹脂ケースをはめ込む。
⑨ ハンドルの回動チェック、パンチの上下移動のチェック。

図表4-2-3　穴開けパンチ機の組立手順

この先、**図表4-2-3**の①から⑨に沿って、組立知識とその設計見積りを学びます。なお、①のスポット溶接に関しては、第3章で解説済みのため、本章では省略します。

オイ、まさお！
穴開けパンチ機は、そこにあるんだろうなぁ？
オメェ、まさか？

厳さん！あっ、ありますよ。
さっき、買いに行くって言ったじゃないですかぁ！

「ついてきなぁ！」シリーズでは、複雑な発電所や造船やクレーン車や自動車などを事例にしていません。身近な文具などを事例にしています。

身近な事例であるからこそ、みなさんの机上には、100円から500円の穴開けパンチ機があることを期待しています。本書だけで読んで、設計職人になろうというのは、無理があります。

組立/現地力 本書の事例で取り上げられている商品を購入してみよう。自己研鑽とは、自分への資本投資が第一歩。

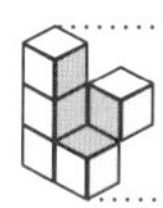

4-3. 部品の上方組立は設計の基本

【図表4-2-3の作業②を解説】

前ページの図表4-2-3では、穴開けパンチ機の組立手順を解説しました。本項では、その作業②の組立について解説します。**図表4-3-1**は、作業②の組立詳細図です。

組立設計に関して、新人設計者が最初に学ぶのが「上方組立」です。手作業はもちろん、自動機を使用した場合でも有利だからです。企業の生産規模を問わず、国内生産の場合は後者を優先しての「上方組立」です。

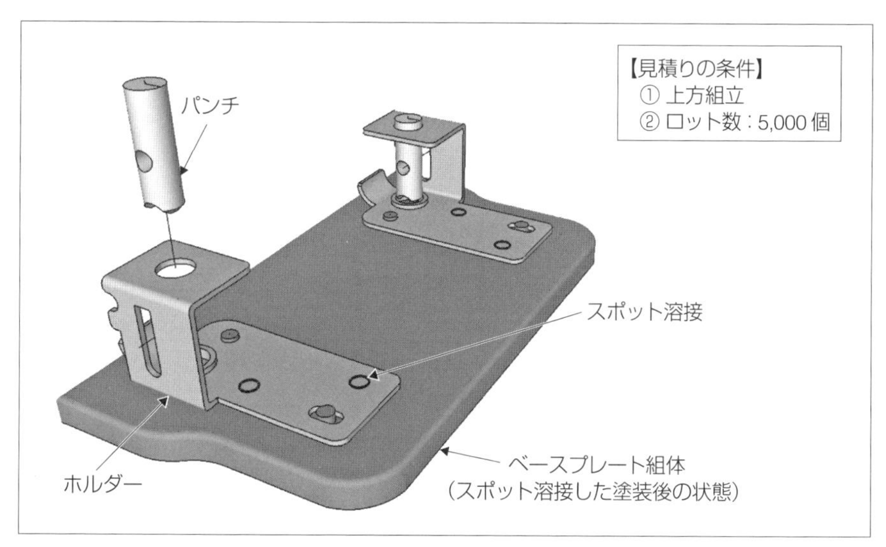

図表4-3-1　パンチをベースプレート組体に挿入（作業②）

筆者は度々、「料理を設計、料理人を設計者」にたとえて説明します。同じ職人同士なのでよく理解できるからです。

たとえば、魚の「ぶつ切り」は、まな板の上に魚を置き、包丁を上方より振り下ろします。誰でもできる簡単な作業です。

しかし、「鯵（あじ）を三枚におろす」となると、何度か包丁を水平にして作業します。時間のかかる作業であり、一人前の職人となるためには長年の修行が必要です。

上方組立と水平組立とは、料理で言えば、前者は誰でもできる「ぶつ切り」、後者は、修行を必要とする「三枚おろし」にたとえられる。

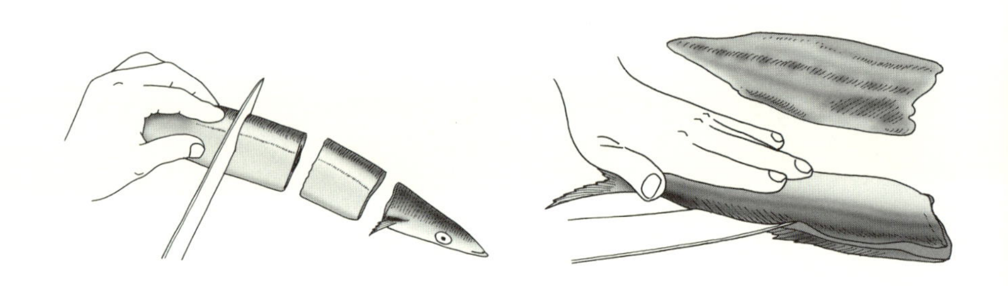

厳さん！厳さん！
ぶつ切りと三枚おろしのたとえ話で、上方組立と水平組立の相違がイメージできました。

おお、そうかい。
そいつぁ、うれしいときたもんだ。そんでよぉ、まさお……オメェらは、加工知識はどこかで学んだかと思うけどよぉ、組立知識は、どうしたぁ？ あん？

厳さん！
機械加工の専門書やセミナーは存在しますけど、組立関連は皆無です。職場でも教えられるどころか、まったく考慮していません。

オイ、まさお！冗談はそこまでだぜぃ！
大工職人とはよぉ、加工知識は当たり前、組立知識がなければ、一戸建ては、いつまでも建てられねぇぞ！

厳さんからのキツイ一言がありましたが、屈せずにこの先へと進みましょう。

4-3-1. 上方組立の設計見積り方法

それでは、前々ページの図表4-3-1の設計見積りを実施します。

次ページに示す**図表4-3-2**は、「ぶつ切り」に相当する最も簡単な作業である「上方組立」のSTが記載されています。

一方、**図表4-3-3**には、「三枚おろし」に相当する「水平組立」のSTも記載されています。

ただし、業種や生産設備や現地によって左右される値ですので、STに関しては、各企業にて確認と精査が必要です。

No.	組立名	事例	ST（分）	備考
1	上方組立による位置決め（軸）	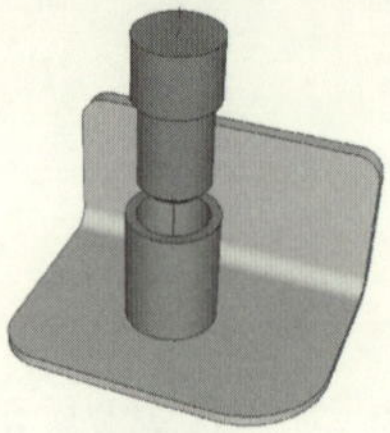	0.05	・垂直穴に軸を通す。 ・垂直穴に軸を挿入する。 ・軸の位置決め ST を示す。
2	上方組立による位置決め（半抜き）	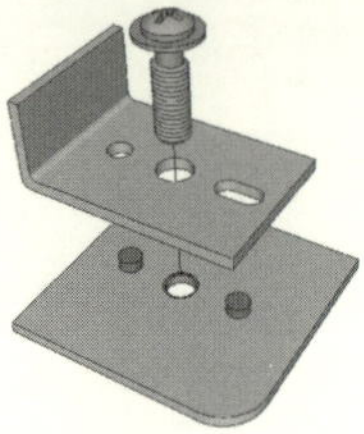	0.05	・セルフロケータを設置。（半抜きを 2 個設置） ・上部板金の位置決め ST を示す。 ・ねじの締結 ST は含まない。
3	上方組立による位置決め（ねじ）	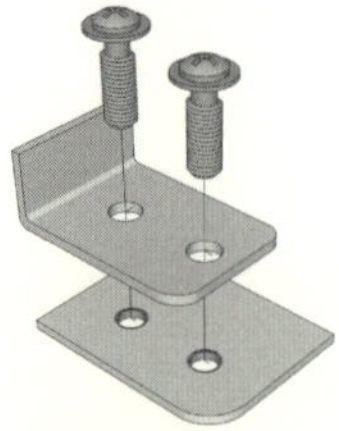	0.09	・ねじ 2 本による上部板金の位置決め ST を示す。 ・ねじの締結 ST は含まない。
4	上方組立による位置決め（寸法指示）	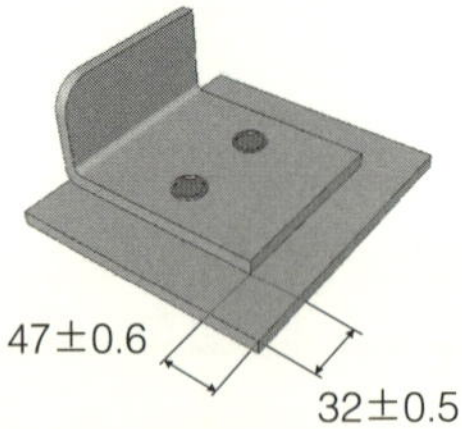 47±0.6 32±0.5	0.16	・端面からの寸法指示による位置決め ST を示す。 ・二箇所のスポット溶接の ST は含めない。
5	上方組立による位置決め（面の突き当て）	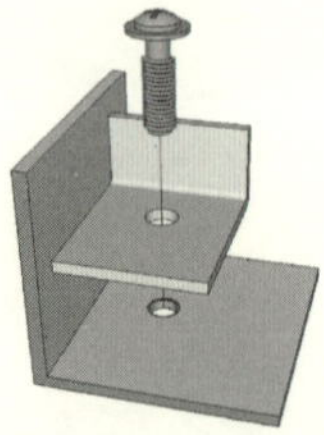	0.08	・面突き当てによる位置決め ST を示す。 ・ねじの締結 ST は含まない。

図表 4-3-2　上方組立と水平組立の各種 ST（その 1）
（注意：各企業においては、その業種や生産規模や設備ごとに補正が必要です）

No.	組立名	事例	ST（分）	備考
6	上方組立による ねじ1本の締結		0.08	・ねじ1本の締結STを示す。 ・トルクリミッター付の電動ドライバを使用。 ・薄板の締結（薄板とは5 mm以下） ・板金部品の位置決めSTは含まない。
7	上方面組立による ナット1本の 締結		0.10	・ナット1個の締結STを示す。 ・下側の板金にはプロジェクション・ボルト（または、ウエルドスタッド）あり。 ・薄板の締結（薄板とは5 mm以下） ・板金部品の位置決めSTは含まない。 ・トルクリミッター付の電動ドライバを使用。
8	水平組立による 軸の位置決め		0.07	・固定された一つの水平穴に軸を通す。挿入する。 ・軸の位置決めSTを示す。
9	水平組立による 軸の位置決め		0.12	・固定された三つの水平穴に軸を通す。挿入する。 ・軸の位置決めのSTを示す。 ・0.07＋(0.07/2)＋((0.07/2)/2)＝0.12

図表4-3-3　上方組立と水平組立の各種ST（その2）
（注意：各企業においては、業種や生産規模や設備ごとに補正が必要です）

【図表4-3-1の組立見積り（作業②)】

図表4-1-2の公式4-1-3を使います。また、ロット5,000個の見積り条件から、図表4-1-3に示すロット倍率は、0.84となります。

一方、図表4-3-2のNo.1より、ST = 0.05であり、部品のパンチは2本あるので、……

組立見積り = (0.05 × 2 × 40[注]) × 0.84 = 3.4指数（円）

となります。

注：日本企業の平均工賃40円/分のこと。項目2-2-2と項目2-2-3を参照。

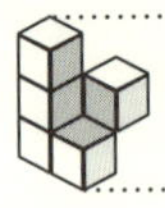

4-4. 部品の水平組立はコストアップ

【図表4-2-3の作業③を解説】

同じ要領で、図表4-2-3の作業③の組立について解説します。

作業③とは、**図表4-4-1**に示すハンドル回転用シャフトをハンドル、ホルダー、トーションばね、もう一つのトーションばね、ホルダー、ハンドルの順で水平方向の右から左へ挿入』という組立作業です。(Eリングの装着は、項目4-6で解説する。)

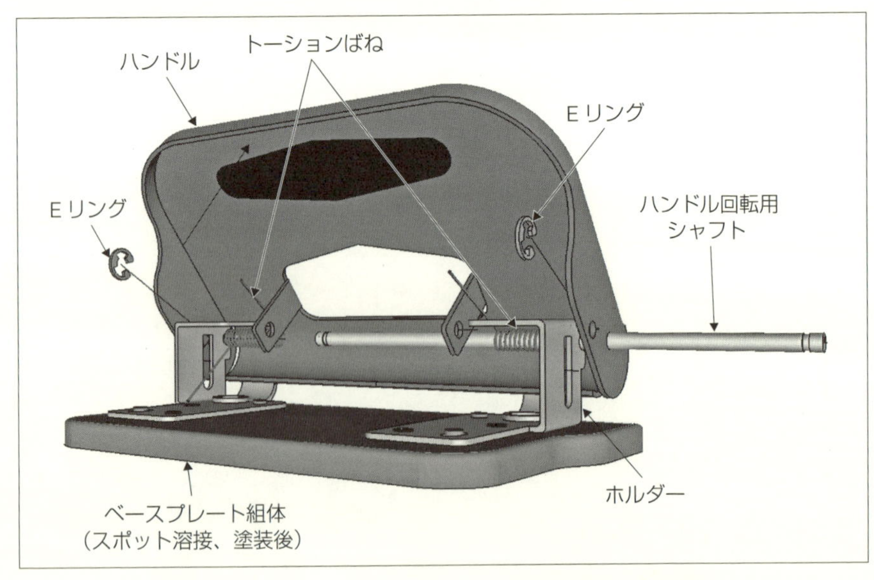

図表4-4-1　ハンドル回転用シャフトの組み込み（作業③）

【図表4-4-1の組立見積り（作業③）】

前問と同じように、図表4-1-2の公式4-1-3を使います。また、ロット5,000個の見積り条件から、図表4-1-3に示すロット倍率は、0.84となります。

次に、図中の「ハンドル回転用シャフト」を部品の穴に通すので、図表4-3-3に示したNo.9を応用します。

「ハンドル」には固定穴が二つあるので、……

$$ST_1 = 0.07 + (0.07/2) = 0.11$$

同様に、「ホルダー」にも固定穴が二つあるので、……

$$ST_2 = 0.07 + (0.07/2) = 0.11$$

最後は、固定されていない二つのトーションばねを通すので、図表4-3-2のNo.1を応用します。

$$ST_3 = 0.05、ST_4 = 0.05$$

$$ST_{TOTAL} = ST_1 + ST_2 + ST_3 + ST_4$$
$$= 0.11 + 0.11 + 0.05 + 0.05 = 0.32$$

組立見積り＝(0.32 × 40注) × 0.84 ＝ 10.8指数（円）

となります。

注：項目2-2-2で解説した日本企業の平均工賃、つまり、40円/分を意味する。

厳さん！
めちゃくちゃ、**カンタン**ですね。

よかったなぁ、まさお！
これが実務知識だ**ぜぃ**。
組立見積りができねぇ技術者はいても
よぉ、**組立見積りができねぇ大工はいねぇ**ときたもんだ。

ちょいと茶でも……

大工とは２割が組立、８割が材料の仕込み

第１章の「ちょいと茶でも」では、設計職人として、とても重要な情報を伝えました。それは、……

設計とは２割が製図、８割が設計の仕込み

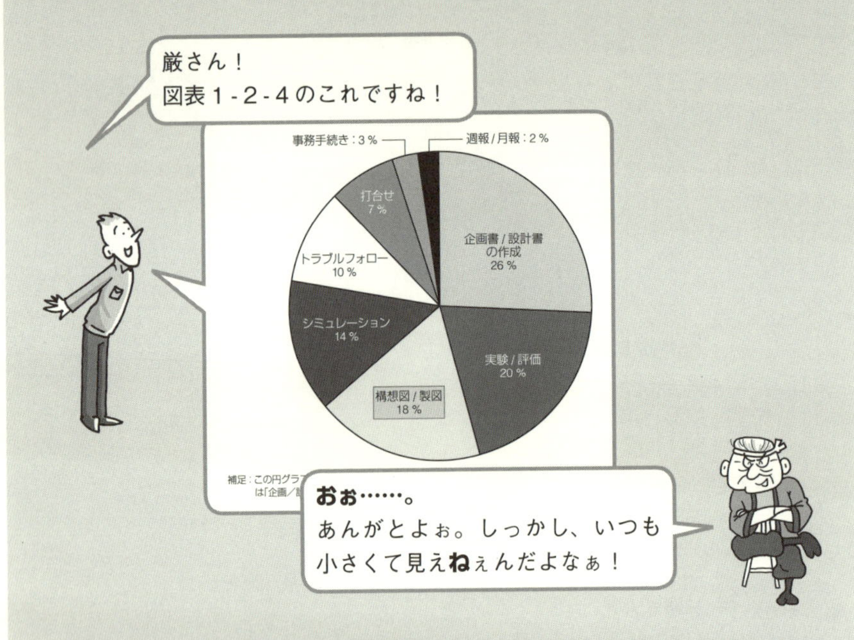

実は、職人の世界はすべて同じです。

前述のセンテンスを料理人や杜氏（とうじ）、鍛冶職人や映画監督、舞台俳優に置き換えてみてください。すぐに納得ができると思います。

「大工とは２割が組立、８割が材料の仕込み」と言われています。

「なんだ、組立はたった２割か！」……短絡しすぎです。これでは設計職人になれません。

これは、限られた時間（日程）内で戸建が完成するように、また、天候で日程が左右される組立が２割で済むように、十分な組立知識のもとに材料の仕込み（準備）に８割の工数をかけているのです。

「大工とは2割が組立、8割が材料の仕込み」……天候で日程が左右される組立が2割で済むように、十分な組立知識のもとに材料を仕込む。

【図表4-2-3の作業⑤を解説】

作業⑤とは、**図表4-4-2**に示すパンチ上下用シャフトを、ハンドル、ホルダー、パンチ、再びハンドルの順で水平方向から挿入する』という組立作業です。（Eリングの装着は、項目4-6で解説する）

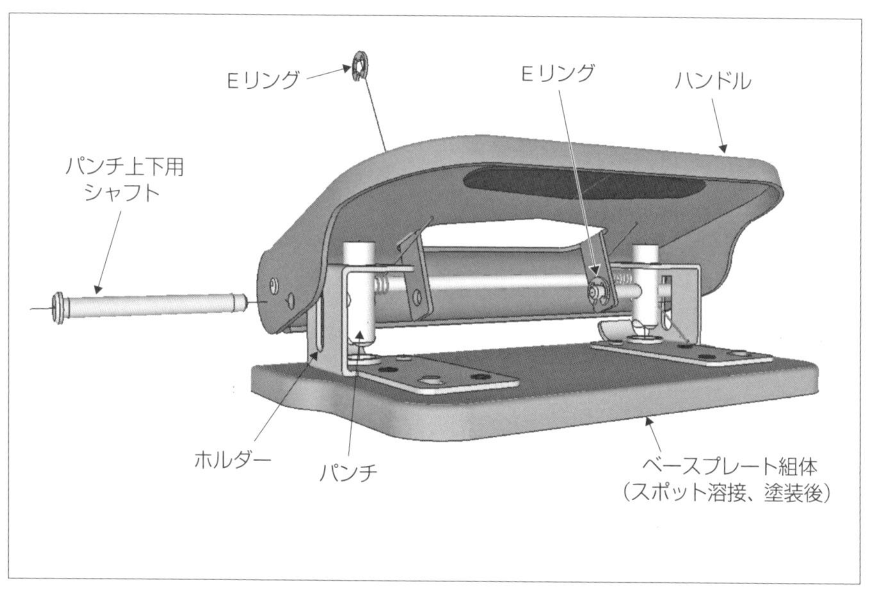

図表4-4-2　パンチ上下用シャフトの組み込み（作業⑤）

【図表4-4-2の組立見積り（作業⑤）】

これも前問同様に、図表4-1-2の公式4-1-3を使います。また、ロット5,000個の見積り条件から、図表4-1-3に示すロット倍率は、0.84となります。

次に、図中の「パンチ上下用シャフト」を部品の穴に通すので、図表4-3-3に示したNo.8、もしくは、No.9を応用します。左右2本です。

「ハンドル」には固定穴が二つあるので、……

$$ST_1 = 0.07 + (0.07/2) = 0.11$$

一方、「ホルダー」および、パンチには、固定穴が一つあるので、……

$$ST_2 = 0.05、ST_3 = 0.05$$

$$ST_{TOTAL} = ST_1 + ST_2 + ST_3$$
$$= 0.11 + 0.05 + 0.05 = 0.21$$

組立見積り＝（$0.21 \times 2 \times 40$[注]）$\times 0.84 = 14.1$ 指数（円）

となります。

注：項目2-2-2で解説した日本企業の平均工賃、つまり、40円/分を意味する。

図表4-2-3に示す作業③および、⑤の組立見積りを実施しました。上方組立よりもコスト高であることを見出してください。

組立見積りができない技術者が存在しても、組立見積りができない大工は、存在しない。

どうだぁ、まさお！
上方組立の優位性を見出せたかぁ、
あん？

厳さん、ちょっと待ってください。図表4-2-2のNo.1と、図表4-2-3のNo.8から推定すると、水平組立は、上方組立の**1.4倍ぐらい**はコスト高かもしれませんね。

ちょいと茶でも……

STの求め方

STとは、もう一度、項目4-1-1を見ると、……

①　標準時間（Standard Time）、略してSTと呼ぶ。
②　各業界で設定されている標準時間のこと。
③　標準作業者が、その作業や工程を完了するまでの標準的な時間
④　競合が存在する限り、また、お客様への最大のサービスを提供するために設定する。

当事務所のクライアント企業におけるSTとは、現状の値とは限りません。上記④に示すように、競合を意識した「実現可能な目標値」や「努力目標値」の場合もあります。

それでは、具体的なSTを求め方、その手順を下記に示します。

うわぁっ、面白そう！
僕も生産技術者になろうかな？

いい心がけだぜぃ！
若いうちに、いろいろな部門を経験しろ！

STの求め方、その手順

①　組立作業に詳しいメンバーで評価チームを作る。
②　ストップウォッチを準備し、作業の開始/終了、つまり、ストップウォッチのON/OFFのタイミングを定義する。

③　一作業の測定回数を定義する。（後で、平均値を算出する）
④　デジタルビデオカメラを用意する。（効果の前後で、再確認用）

⑤ 上記②、③、④が準備できたら、作業の正確さは当たり前で、作業が早い作業者A、B、Cを選出し、その能力を数値化する。
⑥ 目標値として、A’という作業者を想定し、これをSTと称する。

⑦ 上記⑥のSTを具現化するために、組立治具を新設する場合や、作業者教育を強化するなどの案を練る。
⑧ 前記①のチームは、改善のステップ毎に、前記④のビデオで確認しながら、目標STに近づける。

STとは、現状の値とは限らない。競合を意識した「実現可能な目標値」や「努力目標値」の場合もある。

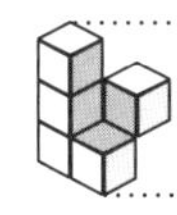

4-5. 部品の回転組立は回転テーブルが必須

【図表 4-2-3 の作業⑥を解説】

本項では、図表 4-2-3 に記載した作業⑥の組立見積りを学びます。作業⑥とは、**図表 4-5-1** に抜粋掲載しておきました。

④ ハンドル回転用シャフトの両端部に、Eリングを装着する。(2個)

⑤ パンチ上下用シャフトを、ハンドル、ホルダー、パンチ、再びハンドルの順で水平方向から挿入する。(2本)

⑥ 下記⑦のために、組立途中の組体を180度回転。

⑦ パンチ上下用シャフトにEリングを装着する。(2個)

図表 4-5-1 穴開けパンチ機組立作業の一部抜粋（回転作業）

上方組立が設計の基本ですが、すべてが上方組立でできる訳ではなく、項目 4-4 では水平組立を学びました。

さて本項では、なるべくなら避けたい組立の「回転作業」や「反転作業」を学びます。

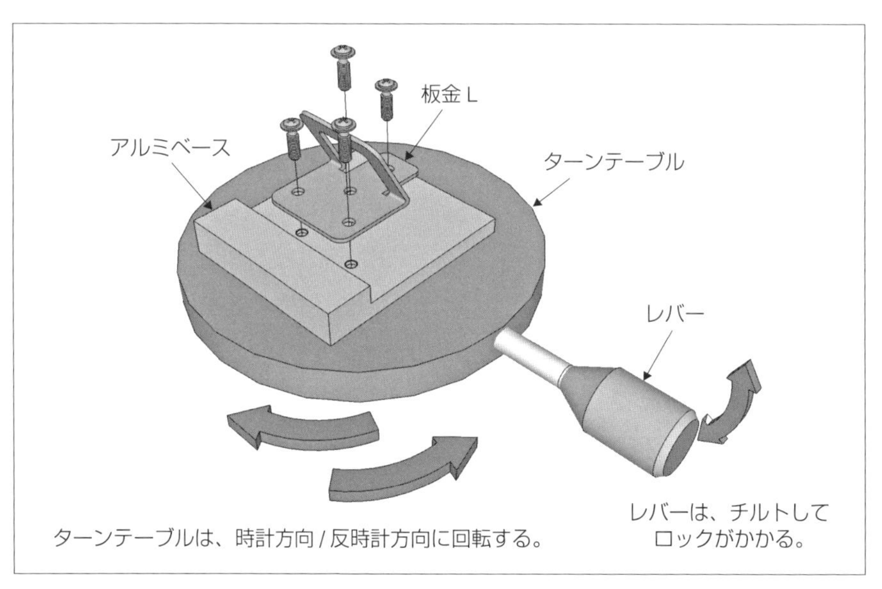

図表 4-5-2 回転作業に必須の回転テーブル（ターンテーブル）

前者の回転作業ですが、部品サイズの大小にかかわらず、また、生産数量に左右されず、**図表4-5-2**に示す作業用の回転テーブル（別名、ターンテーブル）の事前準備は必須です。

厳さん！
月に１個や２個の小ロット生産の場合も、回転テーブルは必要ですか？

そいつぁ、オメェが判断することじゃねぇぞ。ここまで学んだ「お客様は次工程」や「現地化」をオメェはもう、忘れちまったのかい？ あん？
第２章を復習しろ、これは指導ではない、命令だ！

4-5-1. 回転組立の設計見積り方法

それでは、前ページの図表4-5-1の設計見積りを実施します。

次ページに示す**図表4-5-3**は、回転テーブルを用いた「回転組立」のSTが記載されています。

また、**図表4-5-4**には、組立のために部品を裏返す作業、つまり、「反転組立」のSTが記載されています。

ただし、業種や生産設備や現地によって左右される値ですので、各種STに関しては、各企業にて確認と精査が必要です。

厳さん、このSTに関しても現地化が必要ですよね。
早速ですが、「現地」へ行ってきます。

オイ、まさお！
わかっているならよぉ、
さっさと「現地」へ行け！

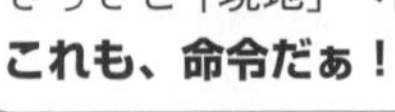
これも、命令だぁ！

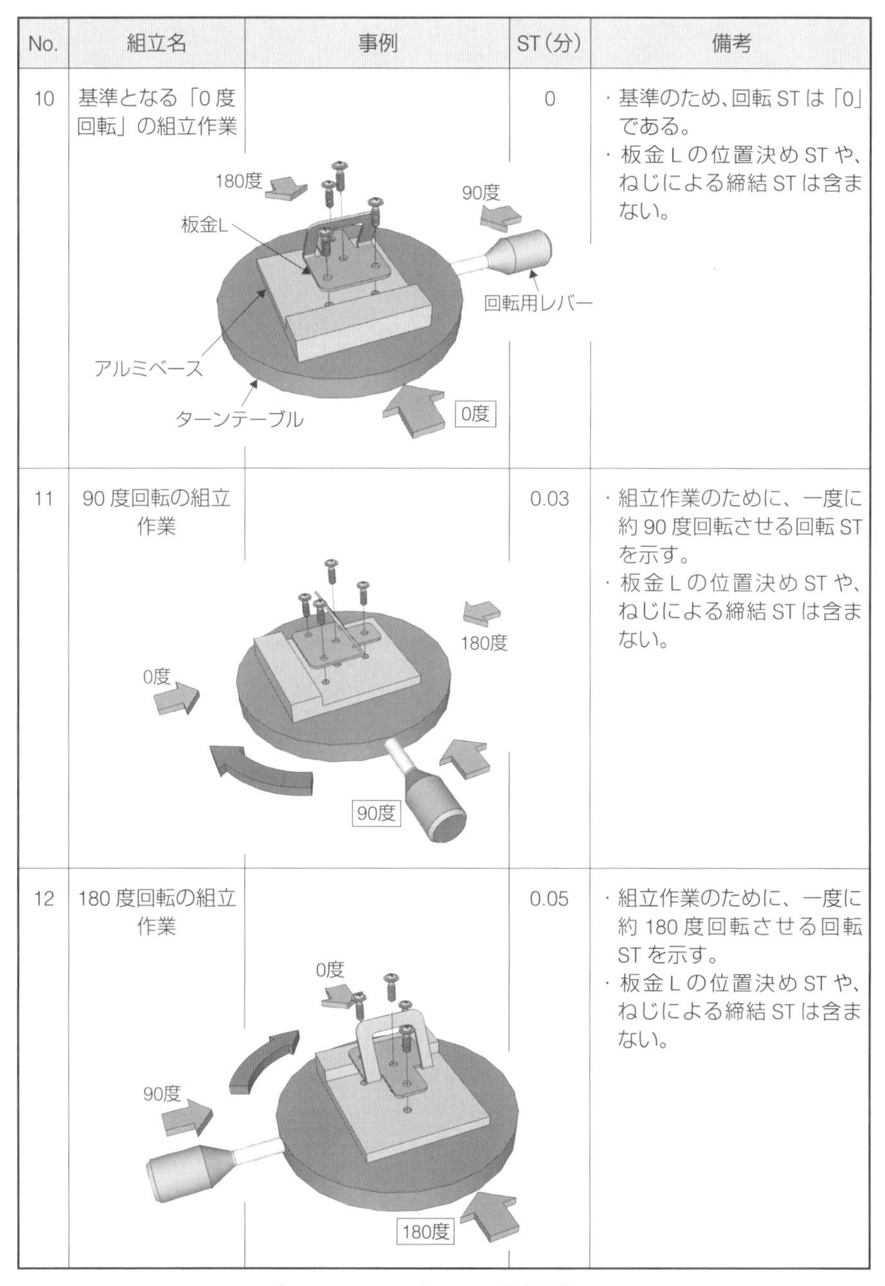

No.	組立名	事例	ST（分）	備考
10	基準となる「0 度回転」の組立作業		0	・基準のため、回転 ST は「0」である。 ・板金 L の位置決め ST や、ねじによる締結 ST は含まない。
11	90 度回転の組立作業		0.03	・組立作業のために、一度に約 90 度回転させる回転 ST を示す。 ・板金 L の位置決め ST や、ねじによる締結 ST は含まない。
12	180 度回転の組立作業		0.05	・組立作業のために、一度に約 180 度回転させる回転 ST を示す。 ・板金 L の位置決め ST や、ねじによる締結 ST は含まない。

図表 4-5-3　回転させる組立作業の ST

図表4-5-2や図表4-5-3に示す回転テーブルは、組立治具として市販品も存在します。ということは、回転作業はレアな組立作業でなく、通常作業です。しかし、回転させる作業が追加されることは理解してください。つまり、追加作業分だけ、コスト高になります。

【図表4-5-1の組立見積り（作業⑥)】

図表4-1-2の公式4-1-3を使います。また、ロット5,000個の見積り条件から、図表4-1-3に示すロット倍率は、0.84となります。

一方、図表4-5-3のNo.12より、ST = 0.05であり、……

組立見積り = (0.05 × 40[注]) × 0.84 = 1.7 指数（円）

となります。

注：日本企業の平均工賃40円/分のこと。項目2-2-2と項目2-2-3を参照。

回転組立は、一般的な作業と認識されている。しかし、上方組立における一部品の位置決め相当のSTとなり、決して軽視はできない。

一方、設計回避した方が無難な作業が、**図表4-5-4**に示す「反転作業」です。こうなると、市販の組立治具は高価で少なくなり、企業独自で準備する必要があります。または、組立治具による補助なしに、人手による組立[注]にたよる場合があります。

注：多くの企業で人海戦術の生産方式、人海戦術の組立方式と呼んでいる。

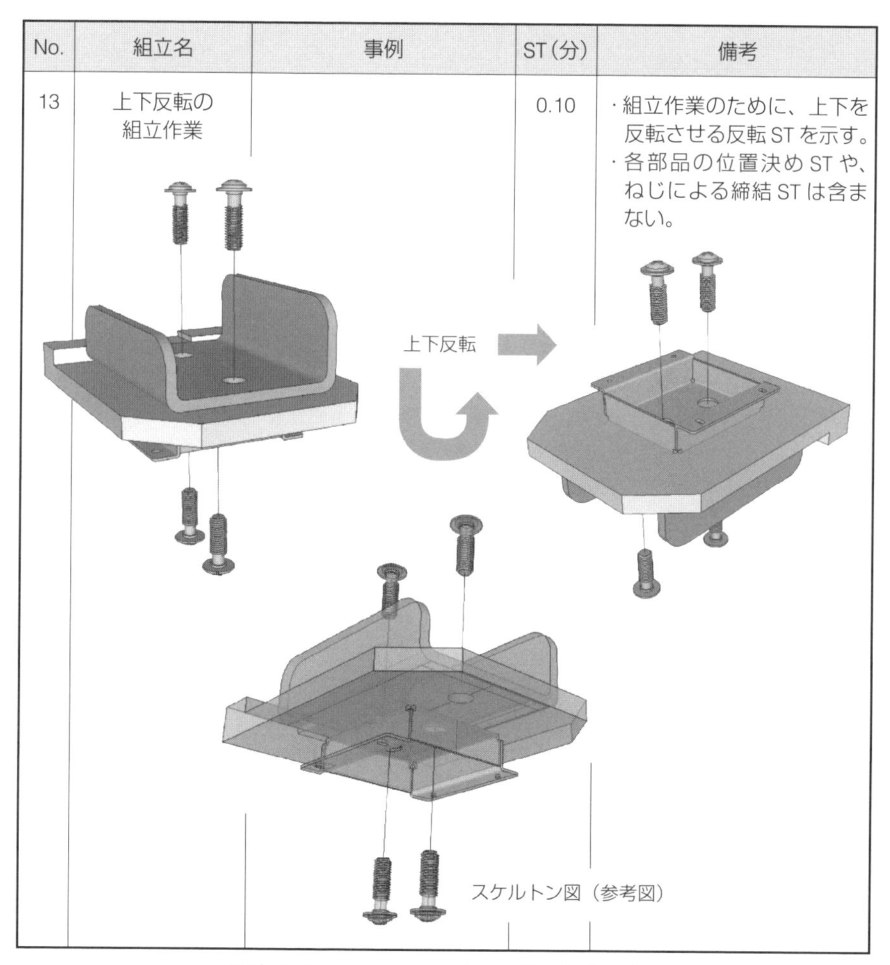

No.	組立名	事例	ST（分）	備考
13	上下反転の組立作業		0.10	・組立作業のために、上下を反転させる反転STを示す。 ・各部品の位置決めSTや、ねじによる締結STは含まない。

図表4-5-4　上下反転させる組立作業のST

厳さん！チョ、ちょっと待ってください。
「組立治具による補助なしに、人手による組立にたよる場合があります」って、どこかで聞いたことがありますよ。

そいつぁ、S社製とN社製のVTRだろがぁ。確か、第2章にあったぜぃ！
N社製がひっくり返していたよなぁ？

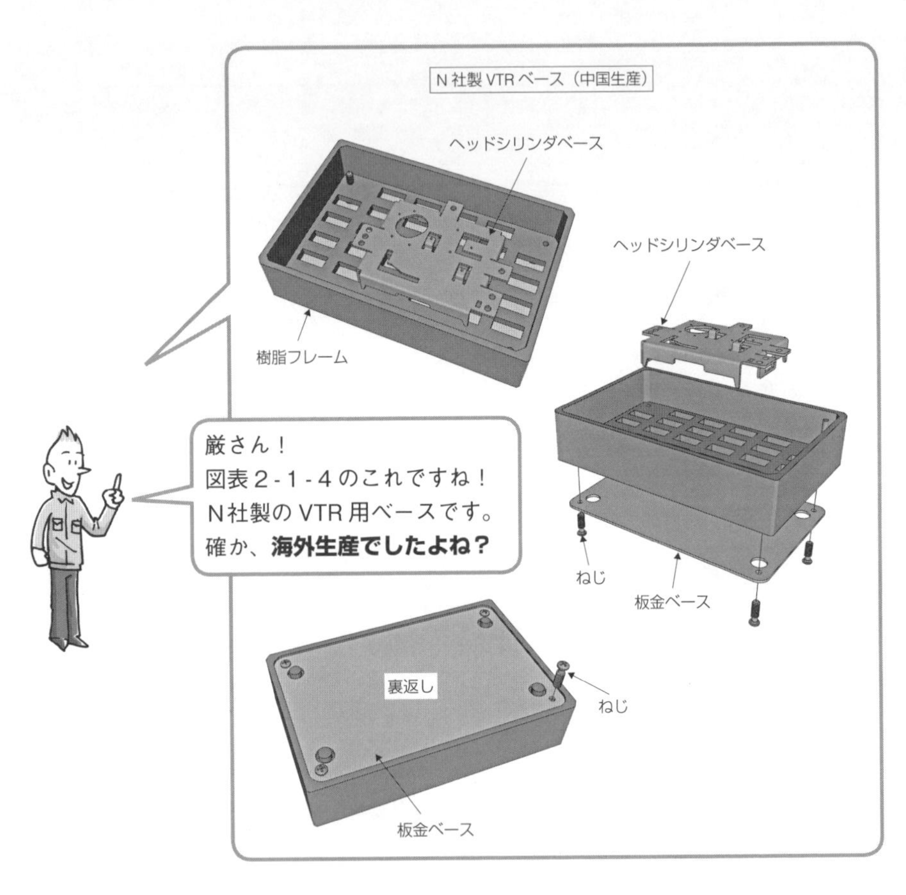

おぉ……、あんがとよぉ。
一番下の絵がひっくり返しだよなぁ。
こいつぁ……自動化でも無駄な動作が多すぎるぜぃ！

反転組立は、自動化（組立ロボット）でも無駄な動作が多すぎる。

上方組立を貫いても、なるべくなら、図表4-5-3や図表4-5-4に示す組立作業のための「90度回転」や「180度回転」、ましてや、「裏返し」の反転組立は、設計的には回避したいところです。

しかし、注目すべきはここです。
中国生産の場合、反転作業の方が低コスト化、つまり、「現地化」だと、N社は判断したのです。

低工賃の地域を想定した場合、反転組立という「現地化」もあり得る。ただし、検証が必要である。

ちょいと茶でも……

技術系から見た現地化

第2章の項目2-1では、技術系、とくに設計から見た現地化を解説しました。本書のコンセプトに繋がる重要事項のため、ここでも簡単に復習しておきます。
現地化戦略に必須の「現地力」とは、以下、項目2-1から抜粋します。

> 結論から言えば、当事務所のクライアント企業における成功に共通点がありました。それは、「混合設計」です。
>
> ① 現地における工賃は、常に上昇変動するため、都度、設計を含めた「低コスト化活動」を実施する。
> ② そのとき、現地工賃に適合した部品設計をする。

経営系から見た現地化

「ある程度、空気を読めない人でないと現地化は実現しない」……このようなことを、筆者の友人である商社マンは言います。

中国従業員の離職率が高いことは、日系企業におけるメーカーも、商社も、その他サービス業もまったく同じ悩みです。
そこで、二三流の経営コンサルタントが画一的な対策を施しました。
それが、……

中国の従業員に対する成果主義の導入

しかし、ますます離職率が高まってしまいました。
原因は、以下の三つです。

① 日本式の事務的で形骸化した成果主義を強制導入した。
② 中国従業員とのコミュニケーションの欠落。
③ 一人一人と向き合うことの体力と精神力の欠如。

冗談だよなぁ、まさお！
オイラ大工だって**よぉ**、外国人を雇っている**ぜい！**
一人一人と向き合わないで大工はできねぇって**もんよ**。

前述原因の①に関して、……
これは、解説する必要はないと思います。なぜなら、「事務的」、「形骸化」、「強制導入」の単語からもよいはずがありません。

原因の②ですが、「コミュニケーションの欠落」というと、中国従業員との会話を重ね、経営側が折れることと理解してしまう場合がありますが、そうではありません。ここで冒頭の、……

ある程度、空気を読めない人でないと現地化は実現しない

と連携します。そして、原因の③に入ります。つまり、対策は、

一人一人と向き合うことの体力と精神力を有すること

となります。

つまり、自分の意思を貫くことです。ただし、「①の強制」ではなく、「②のコミュニケーション」によって調整することが重要です。

次に、前ページの厳さんのセリフを解説しましょう。

日本人がいきなり海外で拠点を立ち上げ、現地化を進めるのはあまりにも無謀であり、安易であり、短絡的です。なぜならば、多くの日本人は、幼少時から日本海外人と接する機会がないからです。

少なくとも、グローバル化や現地化を目指す日本企業ならば、国内でも海外人材を積極的に採用し、事前に「人」に慣れることが必要です。それを、厳さんが主張しているのです。

修行なき、設計職人の痛いところを突かれてしまいました。

オイ、まさお！
オメェはよぉ、現地化といって、いきなシ現地へいく**お調子モン**かい、**あん？**

厳さん、大丈夫！
まずは、この書籍で勉強しています。もっとも重要なことがわかりました。それは、**ラポール**[注]でした。

注：まさお君が紹介する書籍で定義するラポールとは、「説得から入るのではなく共有から入るべし」を意味する。

4-5-2. 事例：中国生産における組立方式（おもちゃの電車）

前項の最後に、「しかし、注目すべきはここです。中国生産の場合、反転作業の方が低コスト化、つまり、現地化だとN社は判断したのです」と解説しました。

本項では、身近な事例として、あらたに「おもちゃの電車」を取り上げ、現地化を解説します。

ある日本の中堅OA企業から、当事務所へ問合せが入りました。かなり、深刻な様相です。その相談事項は以下の通りです。

【ご相談内容】

当社は、中堅のOA機器の会社です。すでに中国生産を始めて、約半年が経過しました。実は、大変お恥ずかしい相談ですが、組立工数が期待したほど低減しません。（中略）

どうか、早急なアドバイスをお願いします。

簡単にその答えを述べると、日本の生産方式をそのまま現地（中国）に押し付けていることが原因でした。対策は単純明快です。現地に合った生産方式に設計変更を施すことです。

「郷に入っては郷に従え」……これは、現地化設計の基本形である。

設計の基本姿勢は、「郷に入っては郷に従え！」ですか？
でも……、
その……
あの……

オイ、まさお！
まさかオメェ、「郷」に行ってもいねぇのかい？**あん？**
このお調子モンめがぁ！

筆者が若き設計者のときから日本企業では自動組立を想定し、次ページの**図表4-5-5**上部に示す「上方組立」が可能となるように、各構成部品を設計してきました。現在でも、その設計方針は継承されています。

たとえ自動化でなく、人手による組立[注]でも上方組立に優位性あると、諸先輩から教えられてきたのです。

注：多くの企業では「人海戦術」の生産方式、「人海戦術」の組立方式と呼んでいる。

機械設計にとって、「上方組立」は基本中の基本。

本書では、このセンテンスが何度も登場しますが、それほど重要な設計方針だからです。ここは、しっかりと押さえておきましょう。

上方組立は、機械設計の基本中の基本である。もちろん、生産技術の基本中の基本である。

設計の基本形が「上方組立」というのもつかの間、それを覆すのが図表4-5-5の下部に示す事例です。

工賃が安い国、例えば東南アジアや中国、最近は西アフリカも注目されていますが、これらの国々で生産する場合、自動化を想定した上方組立よりも、人海戦術の組立の方が低コスト化を図れる場合が多々あります。

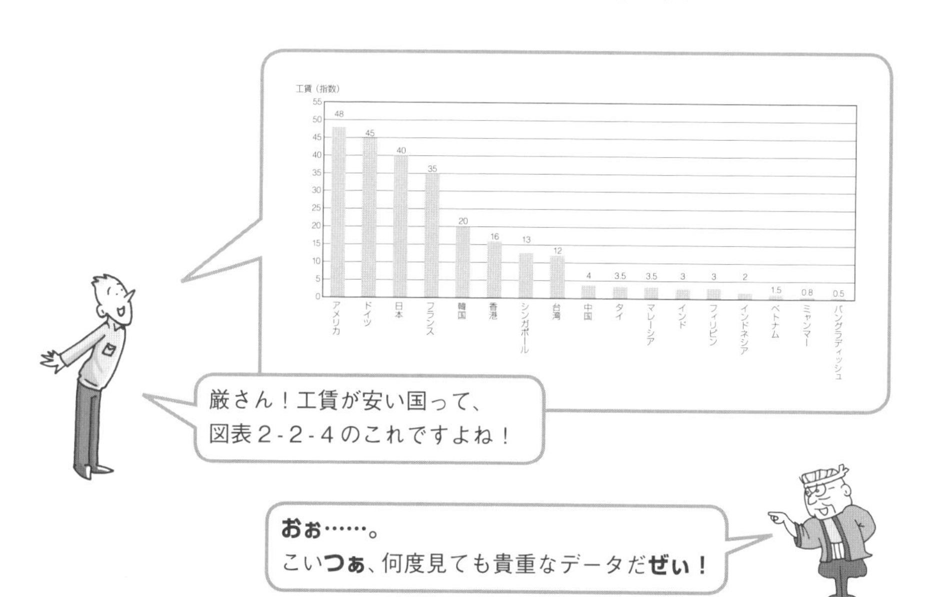

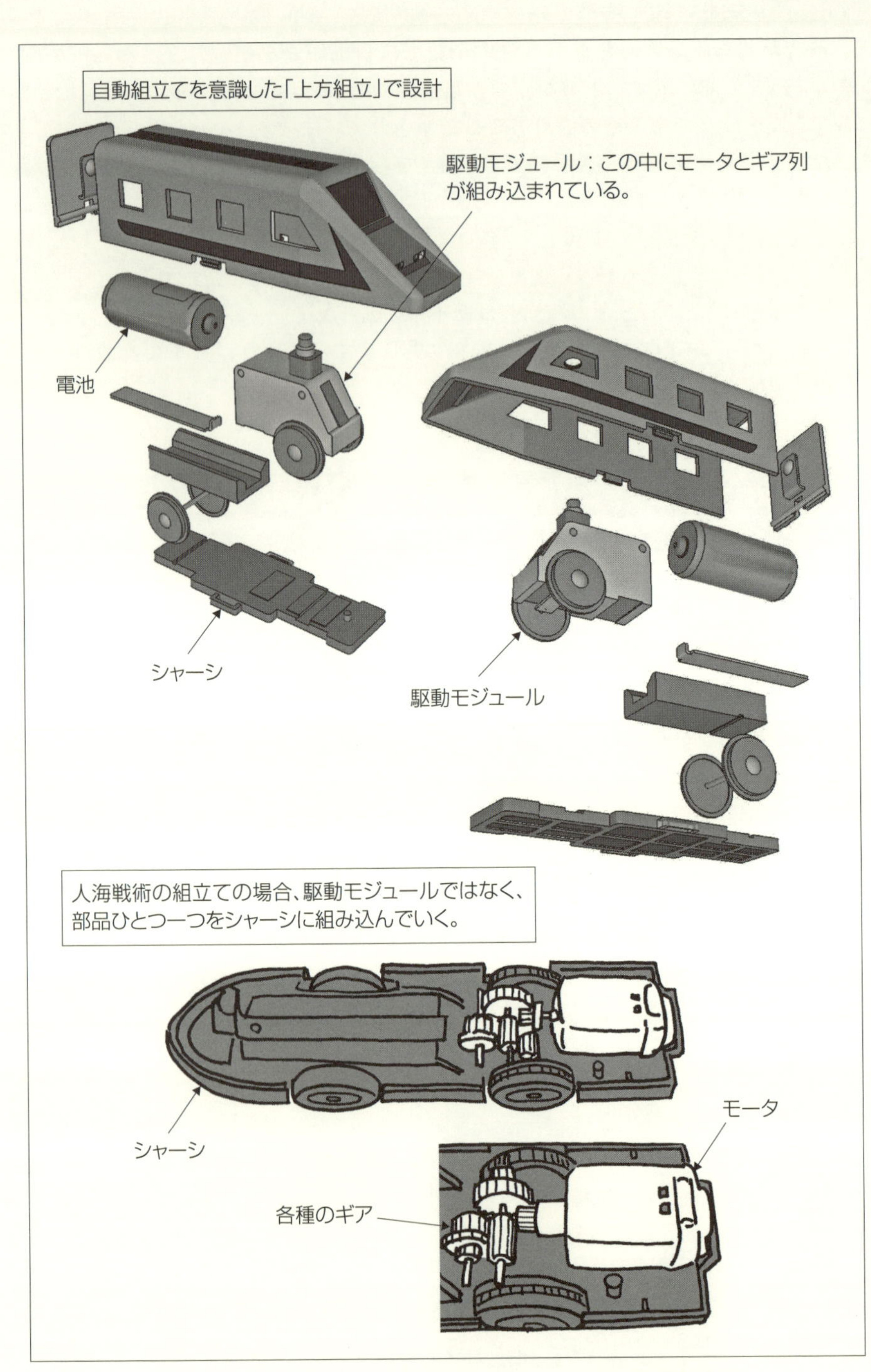

図表4-5-5　おもちゃの電車の上方組立と人海戦術の組立方式

上方組立を優先するあまり、駆動部のユニット化が求められますが、そのユニットを満たすためのユニットケースやサブ組立、サブ検査工程など、設備費や工数が余分にかかります。

工賃が安い国々ならば、図表4-5-5の下部に示すように、ひとつ一つのシャーシにモータと各種のギアを配置すればよいのです。

もちろん、どちらが低コストなのかをロット倍率や部品交換単位を含め、予め概算する必要があります。これを「設計検証」と呼びます。

次に、**図表4-5-6**を見てみましょう

前述のように、「工賃が低い国々ならば、人海戦術の方がコスト的に有利になる場合がある」といっても、下図に示す「おもちゃの電車」のオプションであり、単純な貨車（トロッコ）まで、人海戦術の構造を検討する必要はありません。

なぜなら、「組立やすさ」が優先されるからです。組立やすさからいえば、上方組立に勝る方式はありません。

組立やすさ（組立性）を優先する……これが、真の現地化設計です。

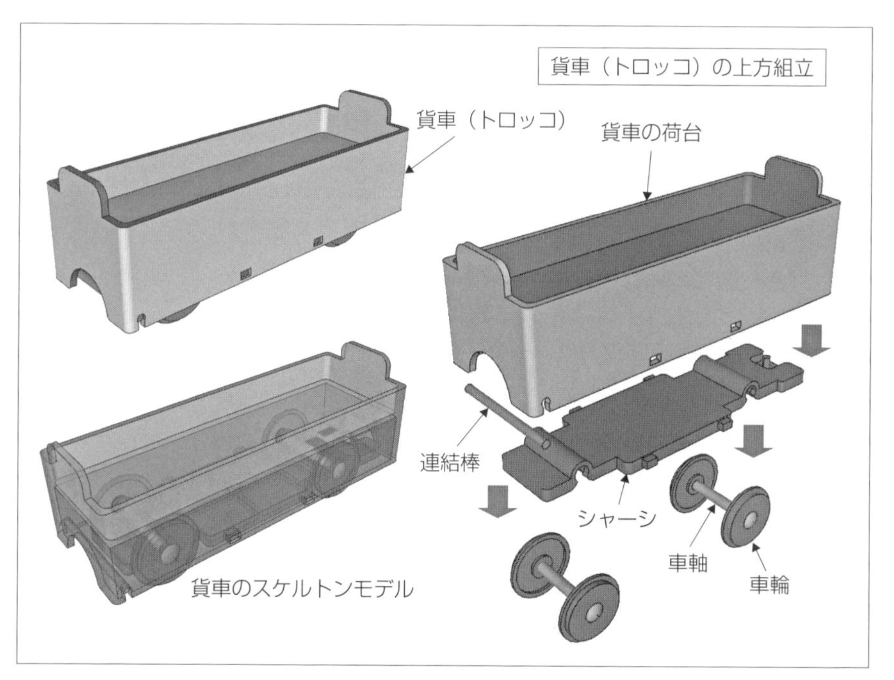

図表4-5-6　オプションの貨車（トロッコ）の上方組立

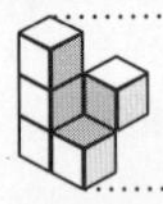

4-6. EリングとCリングの装着

【図表4-2-3の作業④⑦を解説】

作業④⑦とは、**図表4-6-1**に抜粋掲載しておきました。

④ ハンドル回転用シャフトの両端部に、Eリングを装着する。（2個）

⑤ パンチ上下用シャフトを、ハンドル、ホルダー、パンチ、再びハンドルの順で水平方向から挿入する。（2本）

⑥ 下記⑦のために、組立途中の組体を180度回転。

⑦ パンチ上下用シャフトにEリングを装着する。（2個）

図表4-6-1 穴開けパンチ機組立作業の一部抜粋（Eリングの装着作業）

厳さん！
Eリングはよく聞きますけど、Cリングってなんですか？ 僕は、聞いたことがないんです。

おぉ、そうかい。まず、Eリングはなぁ、アルファベットの「E」の形をしているからだぜぃ。それぐれぃは知っているよなぁ。んだからよぉ、Cリングとは、なぁ……。

あっ、わかりました厳さん！Cリングって、その形がアルファベットの「C」の形をしているんですね。ところで、厳さん！
どう、違うのですか？ どうやって、使い分けるのですか？

Zzzz……
オレサマは**よぉ**、大工だ**ぜぃ**……

厳さぁぁぁ〜〜ん！

4-6-1. EリングとCリング装着の設計見積り方法

それでは、前ページの図表4-6-1の設計見積りを実施します。

下に示す**図表4-6-2**は、Eリングおよび、Cリング装着のSTが記載されています。

ただし、この場合のSTも業種や生産設備や現地によって左右される値ですから、各種STに関しては各企業にて確認と精査が必要です。

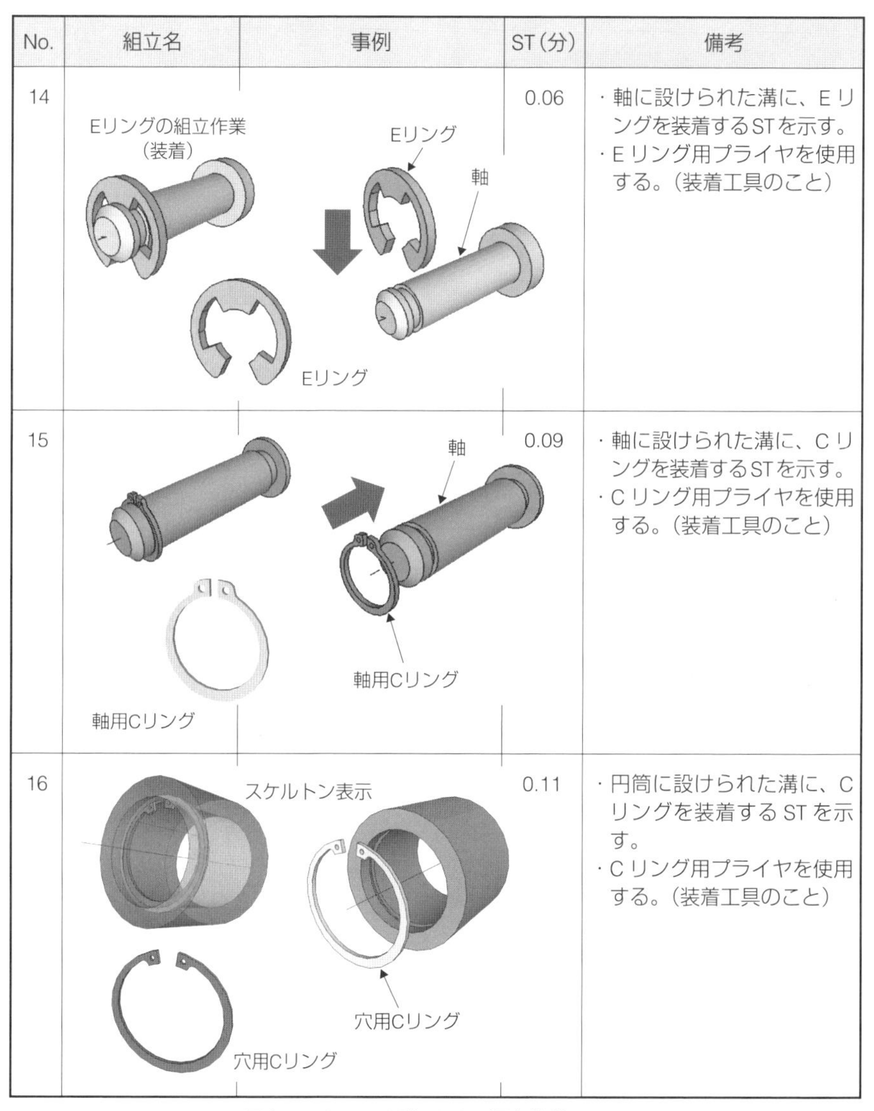

No.	組立名	事例	ST（分）	備考
14			0.06	・軸に設けられた溝に、Eリングを装着するSTを示す。 ・Eリング用プライヤを使用する。（装着工具のこと）
15			0.09	・軸に設けられた溝に、Cリングを装着するSTを示す。 ・Cリング用プライヤを使用する。（装着工具のこと）
16			0.11	・円筒に設けられた溝に、Cリングを装着するSTを示す。 ・Cリング用プライヤを使用する。（装着工具のこと）

図表4-6-2　回転させる組立作業のST

【図表4-6-1の組立見積り（作業④）】

図表4-6-3は、上記作業④の組立詳細図です。

組体を回転させることなく、二つのEリングを図示する方向からハンドル回転用シャフトの両端に設けられたEリング用溝にはめ込みます。(Eリング用プライヤを使用)

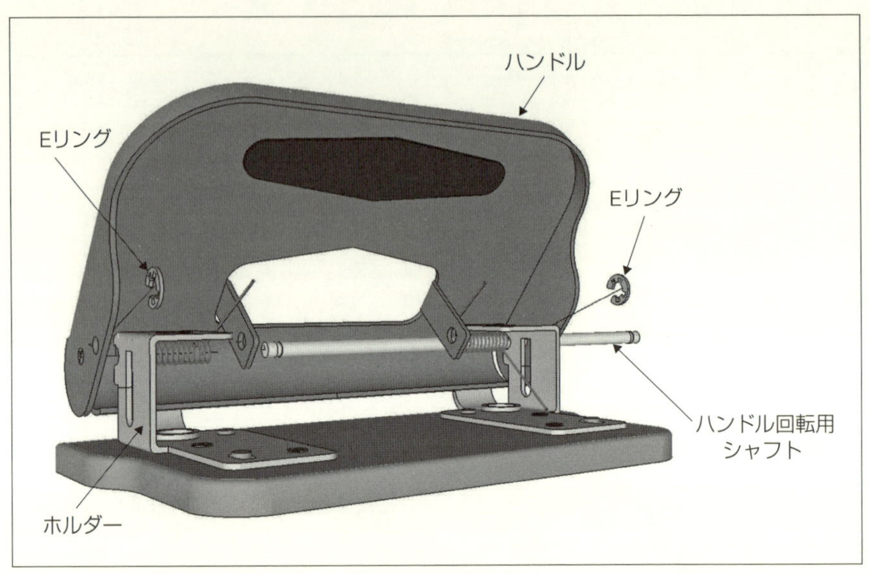

図表4-6-3　ハンドル回転用シャフトをEリングで固定

組立見積りは、図表4-1-2の公式4-1-3を使います。また、ロット5,000個の見積り条件から、図表4-1-3に示すロット倍率は、0.84となります。

一方、図表4-6-2のNo.14より、ST = 0.06であり、……

組立見積り = ((0.06 × 40注) × 0.84) × 2箇所 = 4指数（円）

となります。

注：日本企業の平均工賃40円/分のこと。項目2-2-2と項目2-2-3を参照。

【図表4-6-1の組立見積り（作業⑦）】

図表4-6-4は、上記作業⑦の組立詳細図です。

図表4-6-1の作業⑥で180度回転した後、二つのEリングを図示する方向からパンチ上下用シャフトの両端に設けられたEリング用溝にはめ込みます。(Eリング用プライヤを使用)

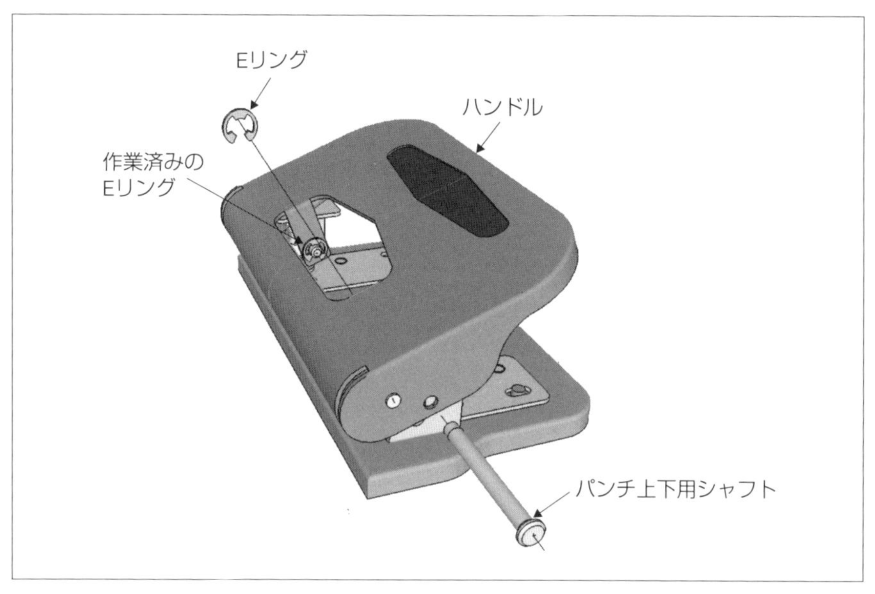

図表４-６-４　パンチ上下用シャフトをＥリングで固定

作業④と同様に、

組立見積り＝((0.06 × 40[注]) × 0.84) × 2 箇所＝ 4 指数（円）

となります。

注：日本企業の平均工賃 40 円/分のこと。項目 2-2-2 と項目 2-2-3 を参照。

Eリングとこリングの役目とは、簡単にいえば「軸止め」です。軸を止める、または、軸を固定するにあたり、何もこだわりがなければ、図表 4-6-2 に示すSTが小さいEリングがお勧めです。

なぜ、EリングのSTが小さいのでしょうか？ それは、組立の原則である「上方組立」だからです。

軸止めに関して、QCDPaに関するこだわりがない場合、上方組立のＥリングがお勧めである。[注]

注：こだわる場合は次章で解説する。

以上で図表 4-2-3 に示した「穴開けパンチ機」の組立手順の大半を解説しました。

組立/現地力・チェックポイント

【第４章 事例で学ぶ！上方組立/水平組立の加工知識と設計見積り】

第４章における「組立/現地力・チェックポイント」を下記にまとめました。理解できたら「レ」点マークを□に記入してください。

〔項目4-1：上方組立と水平組立の設計見積り方法〕

① 溶接は、組立の代表格（再掲載）。その基本形が上方組立。 □

② 組立に関する段取り工数を無視できる場合、組立の設計見積り＝組立工数費 ＝ ST × 工賃 × ロット倍率……となる。 □

③ 各企業は、標準時間（ST）を下げるために、自動化、海外生産など、日夜努力を重ねている。 □

〔項目4-2：事例：文具の穴開けパンチ機から学ぶ組立知識〕

① 本書の事例で取り上げられている商品を購入してみよう。自己研鑽とは、自分への資本投資が第一歩。 □

〔項目4-3：部品の上方組立は設計の基本〕

① 上方組立と水平組立とは、料理で言えば、前者は誰でもできる「ぶつ切り」、後者は、修行を必要とする「三枚おろし」にたとえられる。 □

〔項目4-4：部品の水平組立はコストアップ〕

① 「大工とは２割が組立、８割が材料の仕込み」……天候で日程が左右される組立が２割で済むように、十分な組立知識のもとに材料を仕込む。 □

② 組立見積りができない技術者が存在しても、組立見積りができない大工は、存在しない。 □

③ STとは、現状の値とは限らない。競合を意識した「実現可能な目標値」や「努力目標値」の場合もある。 □

〔項目4－5：回転組立は回転テーブルが必須〕

① 回転組立は、一般的な作業と認識されている。しかし、上方組立における一部品の位置決め相当のSTとなり、決して軽視はできない。 □

② 反転組立は、自動化（組立ロボット）でも無駄な動作が多すぎる。 □

③ 低工賃の地域を想定した場合、反転組立という「現地化」もあり得る。ただし、検証が必要である。 □

④ 「郷に入っては郷に従え」……これは、現地化設計の基本形である。 □

⑤ 上方組立は、機械設計の基本中の基本である。もちろん、生産技術の基本中の基本である。 □

〔項目4－6：Ｅリングとｃリングの装着〕

① 軸止めに関して、QCDPaに関するこだわりがない場合、上方組立のＥリングがお勧めである。 □

チェックポイントで70％以上に「レ」点マークが入りましたら、第５章へ行きましょう。

厳さん！
溶接に次ぐ新たな設計知識を
習得しました！

なんだとぉ、まさお！
本だけ読んで、「習得した」だとぉ？
あん？
修行を積め、修行を！

第5章
事例で学ぶ！締結の組立知識と設計見積り

5-1　EリングとCリングの設計知識

5-2　EリングとCリングのコスト（原価）の相違

〈組立／現地力・チェックポイント〉

オイ、まさお！

この第5章から組立の「締結」に入る**ぜぃ！**
締結とはなぁ、機械の中で最も**重要な組立要素**だぁ、**シ**っかと勉強しろ！

厳さん！
「締結」って一般用語では、条約・協定・契約などを結ぶことでしょ？

あっ！確かに重たい言葉ですね！
妙に、納得。

【注意】
第5章に記載されるすべての事例は、本書のコンセプトである「若手技術者の育成」のための「フィクション」として理解してください。

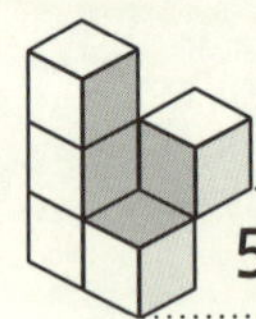

第5章　事例で学ぶ！締結の組立知識と設計見積り

5-1. EリングとCリングの設計知識

第4章の項目4-6で、まさお君が厳さんに質問していました。

おぉ、そうかい。Eリングはなぁ、アルファベットの「E」の形をしているからだぜぃ。それぐれぃはよぉ、知っているよなぁ。んだからよぉ、Cリングとはなぁ……。

あっ、わかりました、厳さん！Cリングって、その形がアルファベットの「C」の形をしているんですね。ところで、厳さん！どう、違うのですか？どうやって、使い分けるのですか？

困り果てた厳さんは、寝たふりです。

実は、EリングとCリングの相違について、多くの専門書にその記述がありません。また、一部の部品企業のカタログにも明確な相違の説明がありません。

そこで、本項以降では、筆者が指導を受けた諸先輩方の情報を掲載します。

もし、皆さんの方で、より正確で詳細な情報がありましたら当事務所へその情報をお寄せください。

5-1-1. EリングとCリングの形状の相違

ねじや機械材料や軸受など、機械設計に関する材料特性や機械要素の調査は、JIS（日本工業規格、Japanese Industrial Standards)を調べるのが技術者の基本形です。ちなみに、以下の示すように各国での規格が存在します。

① 米国：ANSI規格
② ドイツ：DIN規格
③ 中国：GB規格
④ 韓国：KS規格
⑤ イギリス：BS規格

本書では、各所に「現地化」を解説してきました。各国の工業規格を学ぶことは、現地化の第一歩に相当するでしょう。

組立/現地力 **各国の工業規格を学ぶことは、現地化の第一歩に相当する。**

さて、**図表5-1-1**は、JISおよび、JISに準じた部品を生産している企業のカタログから抜粋したEリングとCリングの形状の相違です。

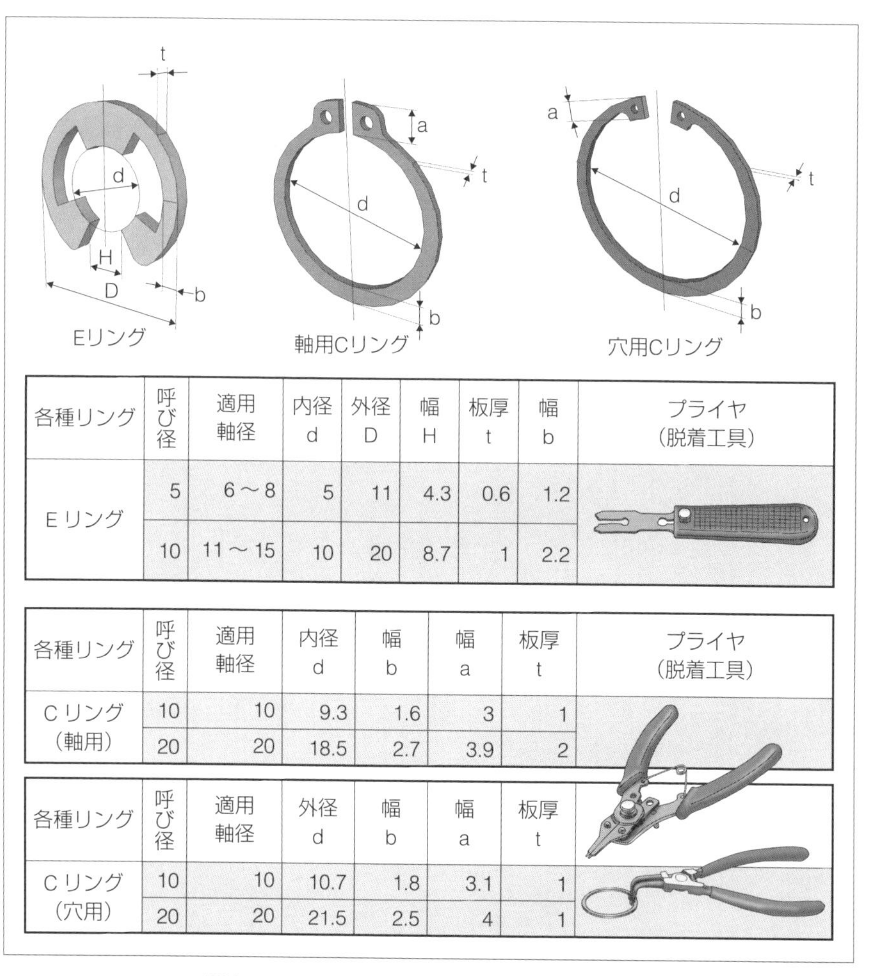

各種リング	呼び径	適用軸径	内径 d	外径 D	幅 H	板厚 t	幅 b	プライヤ（脱着工具）
Eリング	5	6～8	5	11	4.3	0.6	1.2	
	10	11～15	10	20	8.7	1	2.2	

各種リング	呼び径	適用軸径	内径 d	幅 b	幅 a	板厚 t	プライヤ（脱着工具）
Cリング（軸用）	10	10	9.3	1.6	3	1	
	20	20	18.5	2.7	3.9	2	

各種リング	呼び径	適用軸径	外径 d	幅 b	幅 a	板厚 t	
Cリング（穴用）	10	10	10.7	1.8	3.1	1	
	20	20	21.5	2.5	4	1	

図表5-1-1　EリングとCリングの形状の相違

前述のカタログには、図中の呼び径以外の内径や外径には、細かく公差が記載されています。また、図示しない相手の軸や穴の直径や、リングが嵌まる溝の形状も詳しい公差が記載されています。ぜひ、JISおよび、製造企業のカタログを参照しましょう。Web検索すれば十分な情報が得られます。

近年、Web上の技術情報を収集転記して、書籍や技術情報誌へ執筆するケースが増加しています。そのような書物を購入するよりも、Web検索で十分です。できれば、現地化を目指す若手技術者ならば、現地語による検索エンジンを活用しましょう。これが、技術者の一修行です。

Webからの収集転記した技術書物を購入するよりも、現地語による検索エンジンを利用すること。これが修行であり現地化の一歩。

5-1-2. EリングとCリングの組立実装の相違

元に戻って、第4章の図表4-6-2を見てみましょう。

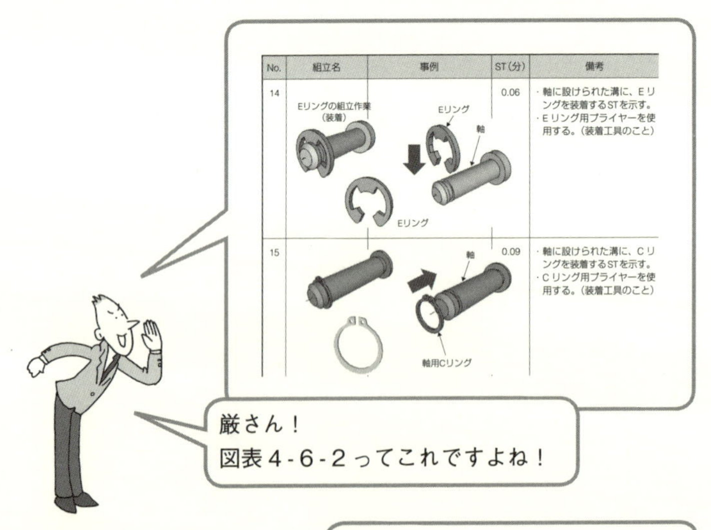

No.	組立名	事例	ST(分)	備考
14	Eリングの組立作業（装着）	Eリング 軸 Eリング	0.06	・軸に設けられた溝に、Eリングを装着するSTを示す。 ・Eリング用プライヤーを使用する。（装着工具のこと）
15		軸 軸用Cリング	0.09	・軸に設けられた溝に、Cリングを装着するSTを示す。 ・Cリング用プライヤーを使用する。（装着工具のこと）

厳さん！
図表4-6-2ってこれですよね！

おぉ……。
あんがとよぉ。しっかし、いつも
小さくて見えねぇんだよなぁ！

Eリングは、図表5-1-1のプライヤ（脱着工具）を用いて、軸に設けた溝へ装着します。プライヤの先端に装着されたEリングを、まるでハンコを押すような動作で前述の溝へ上方から「パチン！」と装着します。

一度装着したEリングを外した場合、再利用は禁止です。Eリングの係止部が摩耗や変形により、外れやすくなるためです。

一方、Cリングも図表5-1-1のプライヤ（脱着工具）を用いて、軸や穴に設けた溝へ装着します。Cリングには、必ず押し広げるための小さな穴や切欠きが二つ設けられています。輪を押し広げる工具が、Cリング用のプライヤで、まるで、ピンセットやラジオペンチのようですが、大きな違いは工具を握ると先端が開きます。

一度装着したCリングを外した場合、再利用は禁止です。Eリングと異なり摩耗はありませんが、前述の押し広げる行為により、素材がへたっている場合があり、外れやすくなるためです。

ここまで、大きな相違が結構ありましたね。

一度装着したEリングやCリングの二度づけ禁止！再使用禁止！

Eリングとこリングの形状の差異が、第4章の図表4-6-2におけるSTの差になっていることに気がついてください。

Eリングとこリングの形状の差異が、図表4-6-2におけるSTの差になっている。

それでは、ここまでを**図表5-1-2**にまとめておきましょう。

比較項目		Eリング	Cリング	比較項目に関する相違点
形状	軸用	・アルファベットの「E」に酷似	・アルファベットの「C」に酷似	・軸用として、Eリングは小径用と言える。JIS、または、企業カタログを参照。
	穴用（円筒用）	・なし	・同上	・穴用は、Cリングが一般的。
装着/組立		・軸のラジアル方向から装着する。 ラジアル方向 ・再使用不可。	・軸（穴）のスラスト方向から装着する。 スラスト方向 ・再使用不可。	・Eリングの装着は、ラジアル方向だが、スラスト方向の外力で外れやすい。 ・Cリングは、軸の端部から距離がある場所への装填は困難、不適切。 ・Cリングは、無理やり押し広げる（縮める）ので「ばね性」がへたりやすい。とくに、再使用不可となる。

補足：ラジアル方向とは、軸の長手方向に対して垂直な方向。
スラスト方向とは、軸の長手方向のこと。

図表5-1-2　EリングとCリングの相違点（形状と機能）

図表5-1-2の表中には、技術者として重要な単語があります。それは、「ラジアル方向」と「スラスト方向」です。平面的な板金や樹脂部品には使いません。

断面が円や角の軸に対して使用する単語です。図表中の「補足」を読んで理解しておきましょう。

組立/現地力 ラジアル方向とは、軸の長手方向に対して垂直な方向。スラスト方向とは、軸の長手方向のこと。

ちょいと茶でも……

ラジアル方向とスラスト方向

前述、機械技術者として重要な単語である「ラジアル方向」と「スラスト方向」を簡易に理解しました。この両単語が頻繁に出現するのが、**図表5-1-3**に示す玉軸受（ボールベアリング）の選定や、そのときの軸設計（シャフト設計）、軸箱設計（ハウジング設計）のときです。

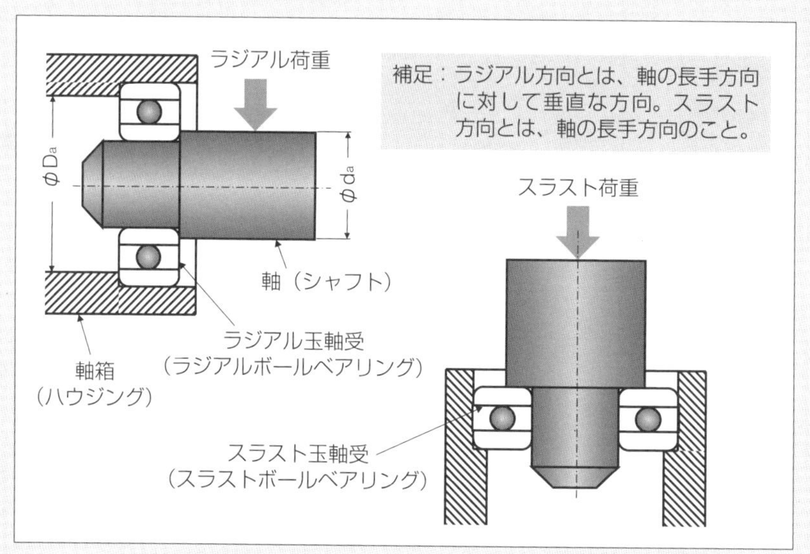

図表5-1-3　ラジアル玉軸受とスラスト玉軸受

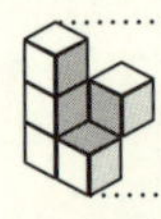

5-2. EリングとCリングのコスト（原価）の相違

Eリングとリングの相違に関して、その形状や機能の差異を理解できましたか？

さて、**図表5-2-1**は、その設計見積り（コスト、原価）に関する差異です。この情報は、専門書には存在しません。しかし、筆者のような設計職人には、生きるための必須情報です。

上段
Eリング：材質 SUS304-CSP

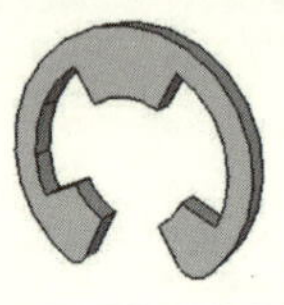

下段
Eリング：材質 S65C

Eリング材質コスト係数	呼び径	X個取り	X個取りの材料費	工程数	ロット数	ロット倍率	加工費	X個取りの型費（単発型）	X個当たりの型費	X個当たりの設計見積	1個当たりの設計見積	1個当たりの販売予想価格
SUS304－CSP	0.8	1,000	3	3	500	1.15	7	210,000	210	219	0.4	2
	5	1,000	235	3	500	1.15	29	960,000	960	1,224	2.4	8
	10	500	649	3	500	1.15	34	1,200,000	2,400	3,083	6.2	19
コスト係数 4.13	19	300	1,998	3	300	1.4	50	1,920,000	6,400	8,449	28.2	85

Eリング材質コスト係数	呼び径	X個取り	X個取りの材料費	工程数	ロット数	ロット倍率	加工費	X個取りの型費（単発型）	X個当たりの型費	X個当たりの設計見積	1個当たりの設計見積	1個当たりの販売予想価格
S65C	0.8	1,000	1	3	500	1.15	7	210,000	210	217	0.4	2
	5	1,000	47	3	500	1.15	29	960,000	960	1,036	2.1	7
	10	500	129	3	500	1.15	34	1,200,000	2,400	2,563	5.1	16
コスト係数 0.82	19	300	397	3	300	1.4	50	1,920,000	6,400	6,847	22.8	69

Cリング：材質 SUS304-CSP

Cリング材質コスト係数	呼び径	X個取り	X個取りの材料費	工程数	ロット数	ロット倍率	加工費	X個取りの型費（単発型）	X個当たりの型費	X個当たりの設計見積	1個当たりの設計見積	1個当たりの販売予想価格
SUS304－CSP	5	1,000	45	4	500	1.15	22	720,000	720	787	1.6	5
	10	500	253	4	500	1.15	32	1,120,000	2,240	2,526	5.1	16
	20	300	667	4	500	1.15	52	1,520,000	5,067	5,785	19.3	58
コスト係数 4.13	30	300	1,778	4	300	1.4	67	2,080,000	6,933	8,778	29.3	88

図表5-2-1　EリングとCリングの相違（設計見積り＝コスト見積り）
（補足：國井技術士設計事務所にて算出）

図中の設計見積り（コスト算出）は、書籍「ついてきなぁ！加工知識と設計見積り力で『即戦力』」と、「ついてきなぁ！材料選択の『目利き力』で設計力アップ」を基に、筆者が算出しました。数値だけで差異を見出すのは困難ですね。そこで、**図表5-2-2**のグラフによって可視化しました。

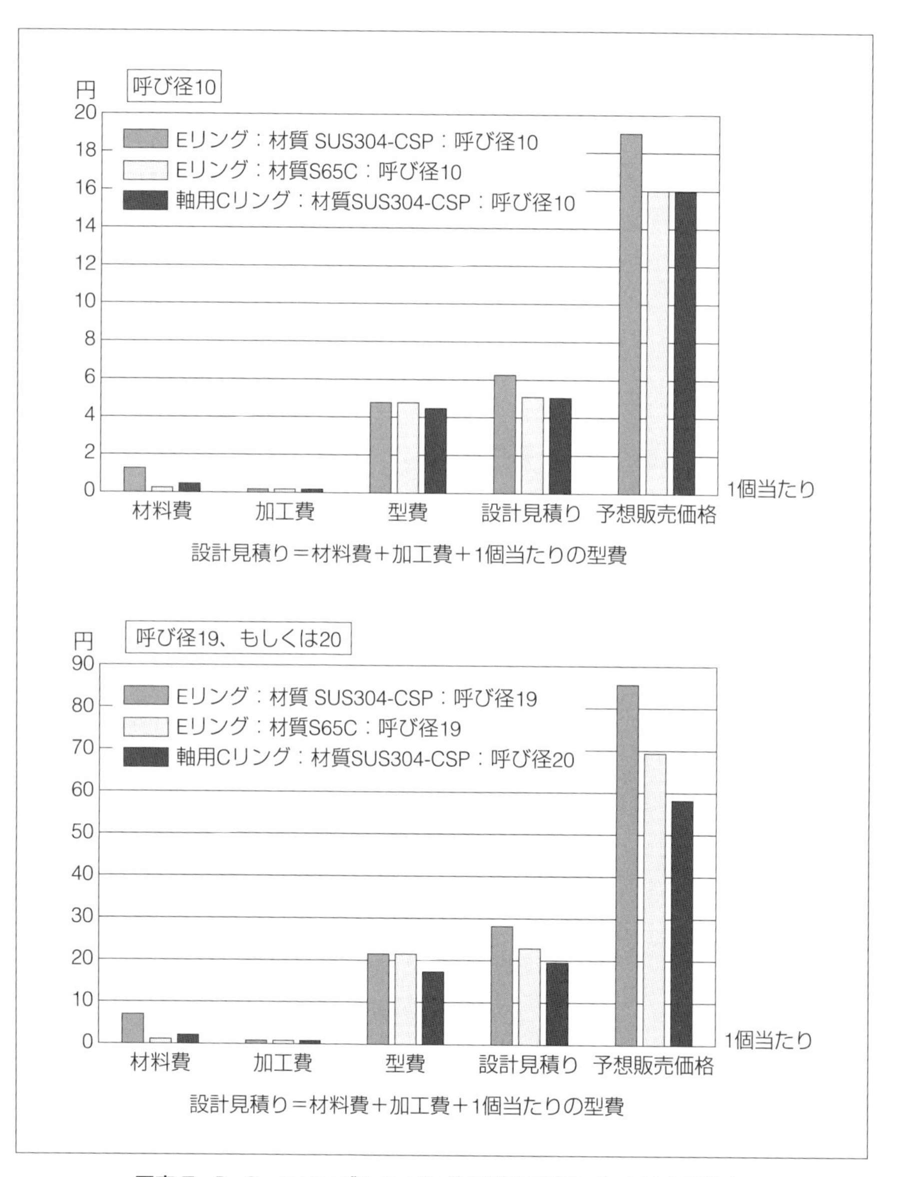

図表5-2-2　EリングとCリングの設計見積り（コスト見積り）
（補足：國井技術士設計事務所にて算出）

図中の上段は呼び径「10」、下段は呼び径「19、および20」の差異比較です。そして、下記事象が判明しました。

① Eリングに関して、材料のSUS304 - CSPとS65Cにコスト差異はない。
② Eリングと軸用Cリングにコスト差異はない。

厳さん！
結局、EリングとCリングは、形状、材料ともに、コスト上の差異はないということですよね？

おぉ、そうだぜぃ！図表5-2-2を見るとよぉ、設計見積りのコストの大半は型費で決まるってもんよ。さらによぉ、その型費が両リングとも同じだぜぃ。
んだから、コスト上の差異はなしってとこだぁ。わかったかぁ？

でも、おかしいですよ、厳さん！
ネット検索して、リング部品企業のカタログ内でその価格表をみると、大幅とは言いませんが、少し違うんですけれど……。

そいつぁ、技術じゃねくてよぉ、「商売」の話だぜぃ！部品の需要と供給の関係があって、余剰在庫を減らすために生産調整をしているかもしれねぇからな。つまシ、ロット倍率[注]による変動だぜぃ！

注：第1章の項目1-3-2を参照。

妙に納得！

材料を含めたEリングとCリングの技術上のコスト差異はない。
しかし、需要と供給を考慮した販売上の価格差は存在する。

組立/現地力・チェックポイント

【第５章 事例で学ぶ！締結の組立知識と設計見積り】

第５章における「組立/現地力・チェックポイント」を下記にまとめました。理解できたら「レ」点マークを□に記入してください。

〔項目５-１：ＥリングとＣリングの設計知識〕

① 各国の工業規格を学ぶことは、現地化の第一歩に相当する。 □

② Webからの収集転記した技術書物を購入するよりも、現地語による検索エンジンを利用すること。これが修行であり現地化の一歩。 □

③ 一度装着したＥリングやＣリングの二度付け禁止！再使用禁止！ □

④ ＥリングとＣリングの形状の差異が、図表４-６-２におけるSTの差になっている。 □

⑤ ラジアル方向とは、軸の長手方向に対して垂直な方向。スラスト方向とは、軸の長手方向のこと。 □

〔項目５-２：ＥリングとＣリングのコスト（原価）の相違〕

① 材料を含めたＥリングとＣリングの技術上のコスト差異はない。しかし、需要と供給を考慮した販売上の価格差は存在する。 □

チェックポイントで70％以上に「レ」点マークが入りましたら、第６章へ行きましょう。

第6章
ベルトとチェーンの組立知識と設計見積り

6-1　ベルトとチェーンの設計知識
6-2　ベルトとチェーンの形状の相違
〈組立／現地力・チェックポイント〉

オイ、まさお！

前章までは、構造体における組立知識を学んだぜぃ。
この第6章からはよぉ、**駆動体の組立知識**にへいる**ぜぃ！**

厳さん！
もしかして、Vベルトやタイミングベルトやチェーンのことですか？
僕は、ちょっとそれ、苦手なんですぅ……

【注意】
第6章に記載されるすべての事例は、本書のコンセプトである「若手技術者の育成」のための「フィクション」として理解してください。

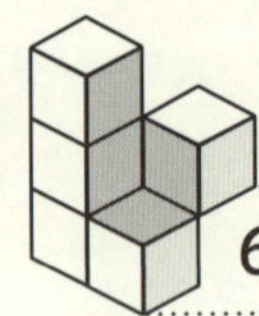

第６章　ベルトとチェーンの組立知識と設計見積り

6-1. ベルトとチェーンの設計知識

溶接、板金のねじ止め、軸の穴貫通、軸止め……これらの静止物体を構造物、その設計を構造設計と呼びます。英語で言えば、「Structural Design」。世間では、建築の方が有名で、「Architectural Structure Design」といいます。逆に和訳してみましょう。建築構造設計です。

一方、機械設計の中で欠かせないものが、エンジン、モータ、ソレノイドなどの駆動体です。専門用語で「アクチュエータ」と呼びます。

エンジン、モータ、ソレノイドなどの駆動体を専門用語で「アクチュエータ」と呼ぶ。

アクチュエータの駆動力を伝達する機械要素が、軸受（ベアリング）と歯車（ギア）とリンク、そして、ベルトとチェーンやばねの類です。これらを合わせて機構、その設計を機構設計と呼びます。逆に、建築には存在しません。**図表6-1-1**は、機械設計の現場における概念図です。学問上の分類ではありません。

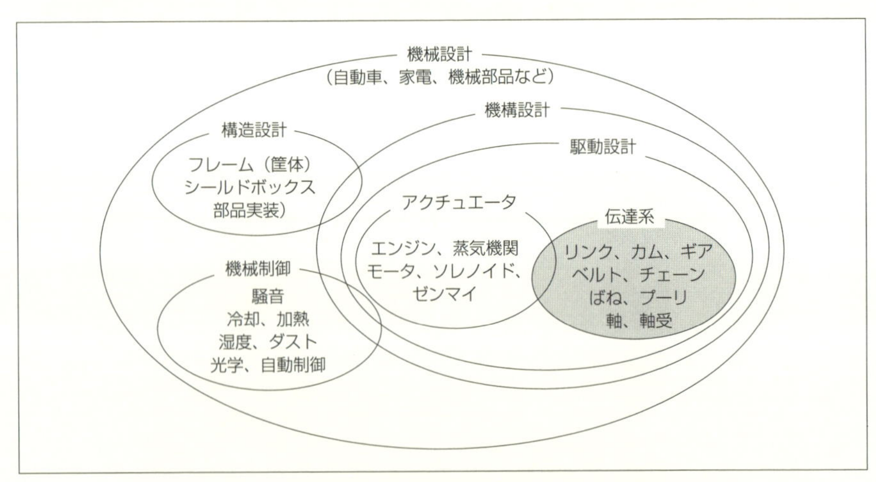

図表6-1-1　機械設計の実務分類（國井技術士設計事務所による）

以降は、本書のコンセプトに沿って、「ベルトとチェーンとばね[注]」に関する組立知識を取り上げます。そのキーワードは、「掛ける」。掛ける、引っ掛ける組立作業に注目します。

注：ばねは第7章で解説する。

さて、EリングとCリングでも記載しましたが、ベルトやチェーンなど、機械設計に関する材料特性や機械要素は、JIS（日本工業規格、Japanese Industrial Standards)を調べるのが技術者の基本形です。また、JIS同様の規格が各国に存在します。それらを詳細に調査し、学ぶことが肝要です。

各国の工業規格を学ぶことは、現地化の第一歩に相当する。（再掲載）

ところで、第6章ともなると薄れてきた本書のコンセプトを、今ここで振り返っておきましょう。

【コンセプト】（再掲載）

本書は、工業製品のグローバル化の一つとして、現地化設計を取りあげる。さらに、「組立」とその「設計見積り」に的を絞り、設計職人における現地化のための基礎知識を身につける。現地とは国内外の生産現場を意味する。

厳さん！
各章で取り上げてくれた現地化の定義やトピックス、そして、各章の組立知識でやっと、上記コンセプトが理解できました。

その調子だ！まさお！
しっかしよぉ……
本を読んだだけで、理解できたなんていうんじゃねぇだろなぁ、**あん？**

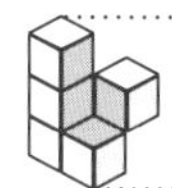

6-2. ベルトとチェーンの形状の相違

ベルトとチェーン……ともに両者は、駆動伝達系の代表的な機械要素ですが、形も材質も異なります。早速、**図表6-2-1**に、その相違をまとめました。

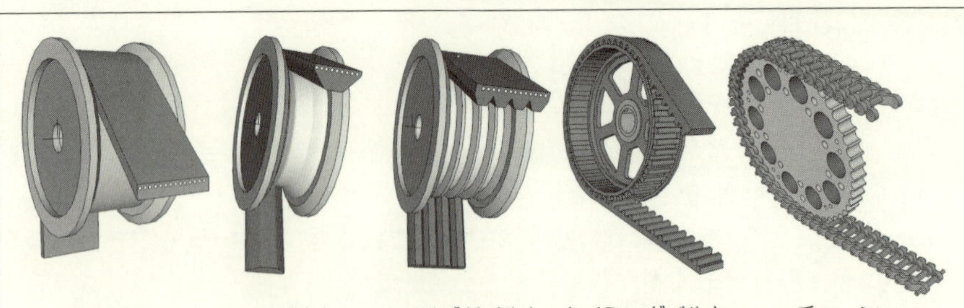

No.	各種ベルト	用途	伝達効率（%）	保全修理	長所	短所	ST注1
17	平ベルト	一般機械 ポンプ 農業機械	95～98	容易	潤滑不要 高速対応 90度方向変換注2 180度方向変換注3 材質豊富 （皮、ゴム、鉄など）	滑る 鳴く 横ずれ	0.08
18	Vベルト	無段変速機 （スクータ） 空冷ファン駆動 （自動車）	95～99	容易	潤滑不要 横ずれ防止 幅方向コンパクト	滑る 鳴く 平ベルトより 低速	0.09
19	Vリブドベルト	空冷ファン駆動 （自動車） 発電機の駆動 （自動車）	95～99	容易	潤滑不要 伝動容量大	同上	0.10
20	タイミングベルト	カムシャフト駆動 （自動車） インクジェットプリンタのヘッド移動	95～99	やや容易	潤滑不要 すべり無し 回転ムラ小 周速ムラ小 騒音小	歯飛び	0.12
21	チェーン	後輪駆動 （自転車、バイク） カムシャフト駆動 （自動車）	96～99	難	回転ムラ小 周速ムラ小 伝動容量大 長寿命	潤滑必要 伸びる 振動/騒音大 質量大	0.15

注1：プーリが2個の場合の組立標準時間。第4章の項目4-1-1を参照。
2個以上の場合は、図表6-2-8を参照。
注2：この後に、厳さんが解説する。
注3：この後に、厳さんが解説する。

図表6-2-1　各種ベルトとチェーンの相違

また、ベルト類の材質は、ポリウレタンやポリエステルやゴムが主な材料ですが、平ベルトに関しては、革製やスチール製など多品種が存在します。とくに、ポリエステルとスチールベルトは数多く存在し、上位を占め、ポリエステルは、「技術者が最初に選択するベルト」とまで言われています。

一方、チェーンの材質は、ステンレスの場合、SUS304やSUS316などが多用されています。鋼材の場合は、S50C、SK7、SS400、SCM435など様々な材料が用途別、価格別に存在しています。

防錆（さび防止）として、ニッケルめっきが施される場合も多々あり、一般的にも市販されています。しかし、めっきの剥離には注意が必要です。その剥離防止や、めっきの有無に係わらず、円滑であり、かつ、低摩擦な伝達駆動のために、潤滑油を必要としているのがチェーンの特徴です。

たとえば、使用温度が「0～40℃」の場合、SAE規格の「SAE20～40」の動粘度のオイルが、前記の不具合を満たしてくれるでしょう。

ベルトは無潤滑、チェーンは潤滑剤を必要とする。潤滑剤の塗付や、管理時と装填時の質量大がチェーンのSTを増加させている。

厳さん！図表6-2-1ですけど、こうして比較すると結構、大きな違いがあるんですね。
とくに、ベルト類とチェーンの相違が顕著です。

おぉそうかい、気付いてくれてあんがとよ！
オメェも、自己の「組立/現地力」のワンポイントを、図表6-2-1から抜き出してみろ。図表を見ただけで、勉強したつもりになるんじゃねぇぞ！

ガッテン承知！
ところで厳さん！図表6-2-1の「注2」と「注3」ですけど、なんですかこれっ？「方向変換」って？

オレサマが口で説明するより、次の**図表6-2-2**を見ろ！

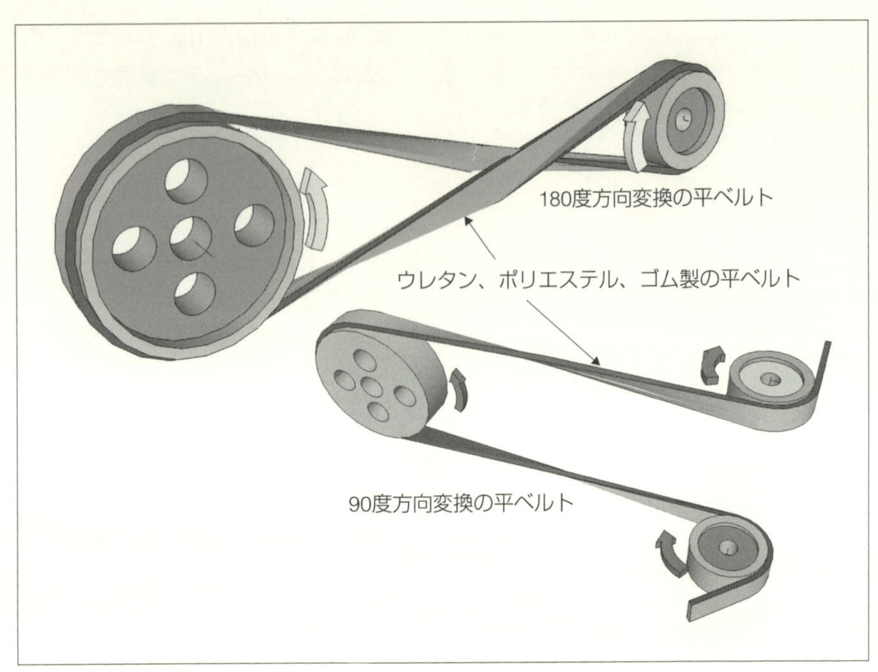

図表6-2-2　平ベルトによる90度方向変換と180度方向変換

すっ、スッ……すご過ぎっ！
ウレタン系やポリエステル系や合成ゴム系など、材料が高分子系の平ベルトは、駆動の伝達だけでなく、駆動方向まで変換できるんですね。

いんや〜〜〜、実はなぁ……

なぜか、厳さんが口ごもっています。その理由は、次の「ちょいと茶でも」で。

ちょいと茶でも……

一部品一機能は設計の基本形

筆者はクライアント企業から「ゲスト審査員」として、度々、設計審査に呼ばれます。このとき、「却下」となる多くのケースは、……

① 「トラブル三兄弟注1」のうち、二つ以上を踏んでいるとき。
② 上記①の場合、とくに材料変更のとき。
③ 「一部品一機能」を外したとき。

注1：トラブル原因の98%は、「新技術」、「トレードオフ」、「××変更」にあるという設計概念。書籍「ついてきなぁ！失われた『匠のワザ』で設計トラブルを撲滅する」、同「ついてきなぁ！設計トラブル潰しに『匠の道具』を使え！」を参照。

図表6-2-3を用いて、前述の③を解説しましょう。

設計には、「一部品一機能」という実務原則があり、「共締め」は昔から機械設計の「禁止手」となっています。

設計用語	定義	事例	設計判断	
			推奨	回避
一部品 一機能	・一つの部品で一つの機能を有する。 ・一つの部品に対して一つの目的があり、その目的を達成するために、一つの手段、そして、一つのディメンションを有する。 ディメンション（Dimension）とは、Ω、N（ニュートン）、mm などの工学単位のこと。	・一本のねじで一個の部品を固定。 ・一本のねじで一つの機能を有する。（機能とは、固定や摺動など） ・一つのキャップでボールペンの先端を保護する。 ・一枚の液晶ディスプレイで一表示をする。	■	
一部品 二機能	・一つの部品で二つの機能を有する。 ・一つの部品に対して二つの目的があり、その目的を達成するために一つの手段、そして、一つのディメンションを有する。	・一本のねじで二個の部品を固定する。ただし、ディメンションは一つ。 ・一本のねじで二つの機能を有する。ただし、ディメンションは一つ。 ・一つのキャップでボールペンの先端の保護とインク汚れを防止する。 ・一枚の液晶ディスプレイでマルチ表示機能を有す。	■	

図表6-2-3　一部品一機能などの定義

図表６-２-３は、当事務所がクライアント企業へのコンサルテーションで使用している設計の基本概念です。図表中の「一部品一機能」と「一部品二機能」の場合は「承認」の場合が多くなります。しかし、……

図表６-２-４の場合、ケースBとCは承認されますが、ケースAは却下となります。ケースAは、「ディメンション」が２種以上あることが却下の理由です。

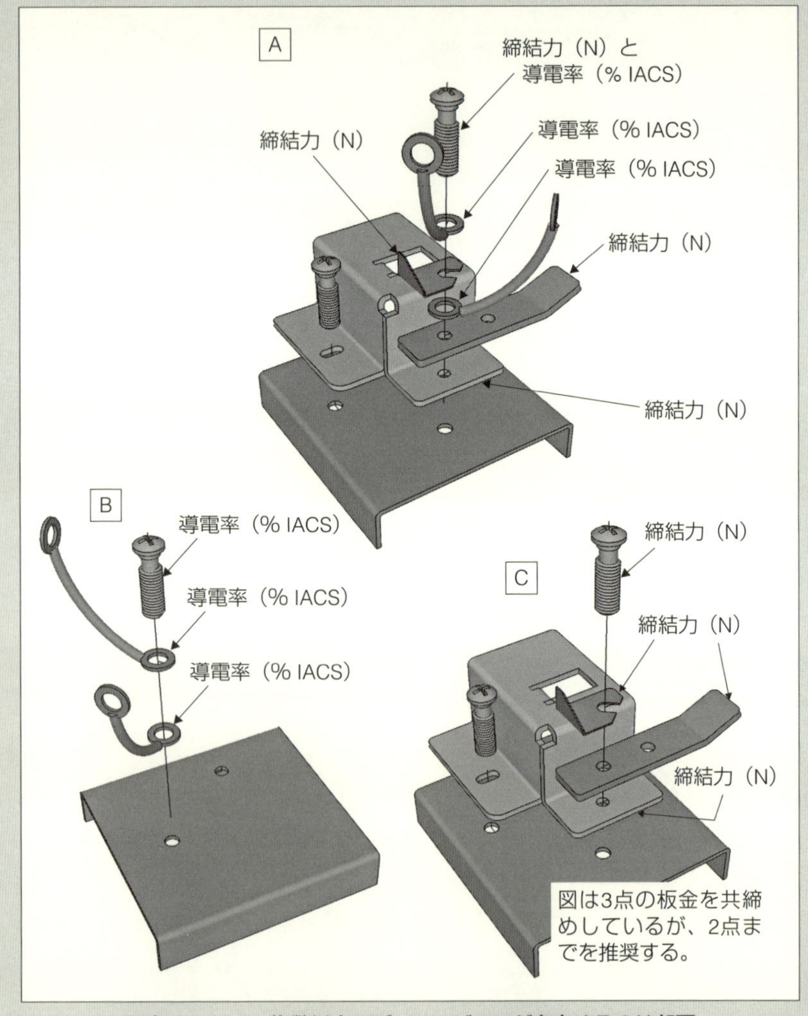

図表６-２-４　複数以上のディメンジョンが存在するAは却下（國井技術士設計事務所の場合）

それでは、図表6-2-2に戻って、「平ベルトによる90度方向変換」と「180度方向変換」を、もう一度観察してください。ともにディメンションは、2種類あります。

① アクチュエータからの総伝動容量：ディメンションは「Kw」
② 伝達方向：ディメンションは「角度」や「回転方向」

したがって、「平ベルトによる90度方向変換」と「180度方向変換」の平ベルト使用は、筆者が設計審査員の場合、「却下」となる場合があります。ただし、その業界では当たり前や、10年以上の実績ありの場合、つまり、前ページの「トラブル三兄弟」を踏んでいない場合は承認となるケースが増えます。

図表6-2-5は、却下となる場合が多い、「一部品多機能」の定義です。（当事務所の定義）

設計用語	定義	事例	設計判断	
			推奨	回避
一部品多機能	・一つの部品で複数の機能を有する。 ・一つの部品に対して複数の目的があり、その目的を達成するために複数の手段、そして、複数のディメンションを有する。 ディメンション（Dimension）とは、Ω、N（ニュートン）、mmなどの工学単位のこと。	・ディメンションは一つでも、一本のねじで三個以上の部品を固定する。 ・一本のねじで複数の機能を有する。ディメンションも複数を有する。 ・一つのキャップでボールペンの先端の保護とクリップホルダ機能を有す。 ・一枚の液晶ディスプレイ表示機能やタッチパネル機能を有す。		■

図表6-2-5　一部品多機能の却下（國井技術士設計事務所の場合）

「却下」……皆さんを驚かしてしまいましたが、「検証」ができれば、もちろん、承認です。

詳細は、書籍「ついてきなぁ！悪い『設計変更』と良い『設計変更』」を閲覧してください。

ディメンションが１種類の「一部品一機能」と「一部品二機能」は、設計の基本形である。

組立工数をケチって、「一部品多機能」であり、ディメンションが複数ある場合、設計審査で却下の場合がある。とくに「共締め」は要注意。

おぉ……とぉ！
「一部品一機能」だとぉ、オイラ大工の世界じゃ、**見習い大工の用語だぜぃ。**
オイ、まさお！オメェらもそうだろうがぁ、**あん？**
じっ……
実は……

6-2-1．事例：自動車エンジンルーム内のベルト類

図表6-2-6は、身近な小型自動車におけるエンジン、および、エンジンルーム内の各種部品です。図中のピストンやクランクなどは、エンジン内部の部品であり見ることはできません。車のボンネットを開けて容易に観察できるのは、Vリブドベルト周辺だけです。Vリブドベルトでない場合は、単純形状のVベルトが掛けられています。

図中にはない平ベルトですが、スチールベルトを使用している場合、それは無段変速機用のベルトで、「スチールベルト式CVT」と呼びます。Web検索してみましょう。

また、レシプロエンジンの場合、ピストンの直線運動をクランクが受けて回転運動に変換します。クランクシャフトの一端には、クランクシャフトプーリがあり、OHC（オーバーヘッドカム）に伝達し、エンジン燃焼室への吸排気の「タイミング」を取ります。タイミングをとる必要があるので、「タイミングベルト」と呼びます。しかし、ボンネットを開けても見ることはできません。残念！

身近に観察できるタイミングベルトは、家庭用インクジェットプリンタです。インクヘッドを左右に往復運動しますが、停止中ならば、幅の狭くて長いタイミングベルトの存在を観察できるでしょう。

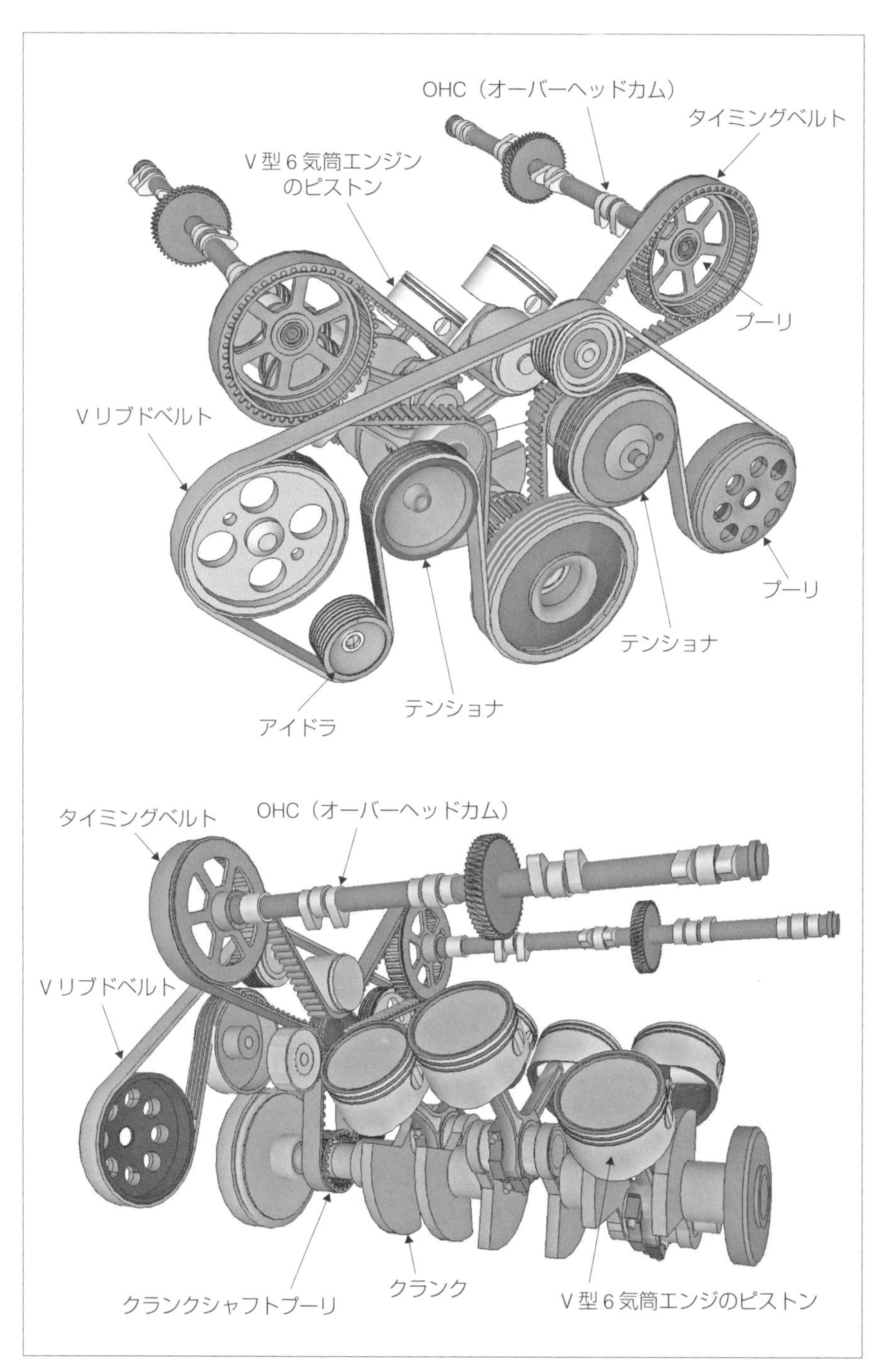

図表 6-2-6　自動車エンジンの各種駆動ベルト

本書は発電所や造船を事例していません。すべて身近な商品を事例に取り上げています。必ず、現物で確認しましょう。

本書は、すべて身近な商品を事例に取り上げている。必ず、現物で確認しよう！書籍を読んだだけでは、設計職人にはなれない。

6-2-2. 事例：Vリブドベルトの組立設計見積り

図表6-2-6からVリブドベルト周辺のみを取り出したのが、**図表6-2-7**です。以降、この組立に関する設計見積りを実施しましょう。ただし、ロット3,000個の見積り条件とします。

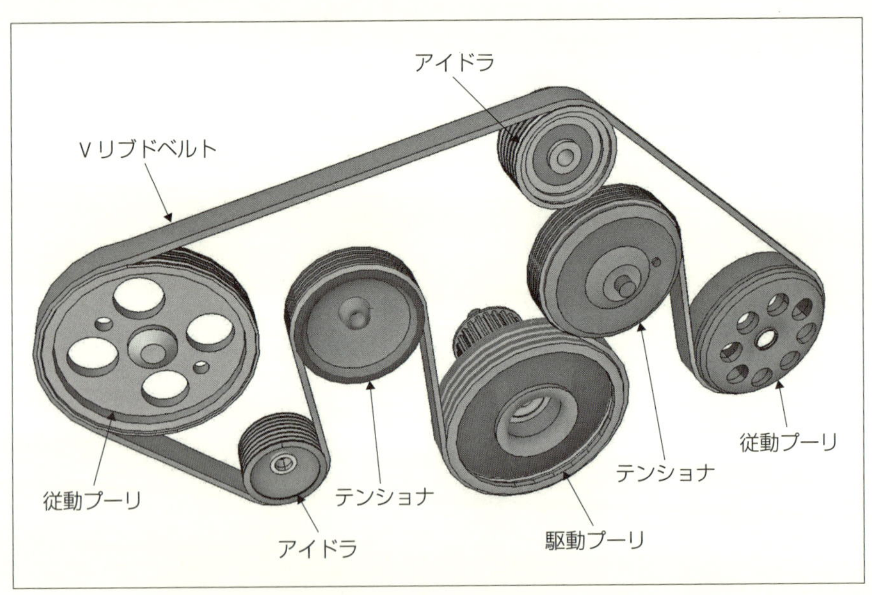

図表6-2-7　自動車エンジンルーム内のVリブドベルト周辺

【図表6-2-7の組立見積り】

第4章の図表4-1-2の公式4-1-3を使います。

また、ロット3,000個の見積り条件から、図表4-1-3に示すロット倍率は、0.87となります。Vリブドベルトの標準STは、図表6-2-1から0.1を採用します。

一方、下に示す**図表6-2-8**は、ベルト類やチェーンにおけるプーリの総数とSTの関係（ST倍率）を示しています。以上の図表から下記を算出します。

① プーリ3個：(0.1 × 3) × 1.37 = 0.41
② アイドラ2個：(0.1 × 2) × 1 = 0.2
③ ベルト張力を調整するテンショナ2個（調整のSTは除く）：(0.1 × 2) × 1 = 0.2

合計：0.81

組立見積り = (0.81 × 40注) × 0.87 = 28.2指数（円）

となります。

注：日本企業の平均工賃40円/分のこと。項目2-2-2と項目2-2-3を参照。

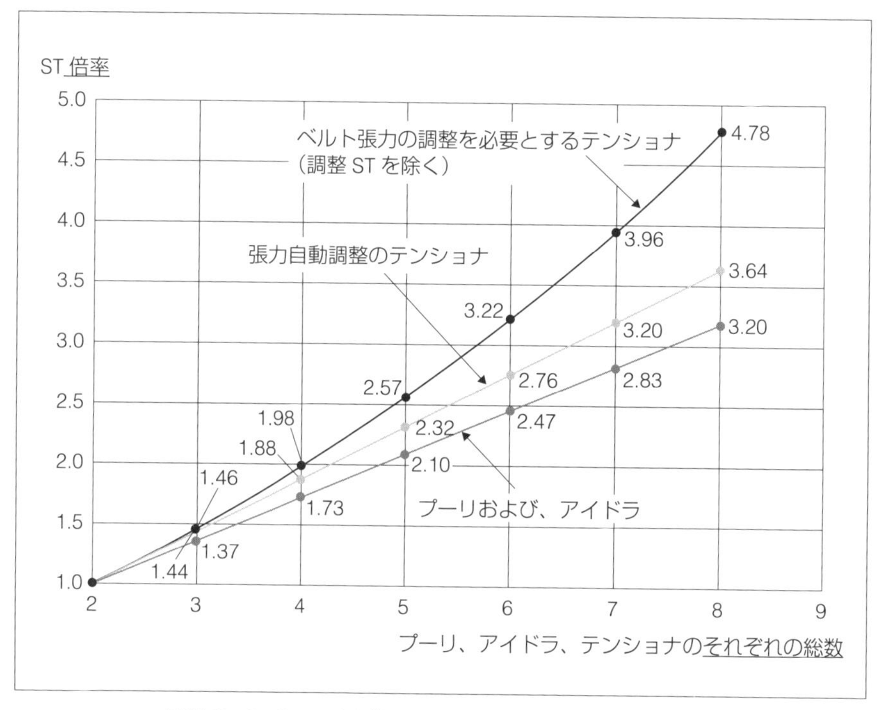

図表6-2-8 ベルト類のおけるプーリの総数とSTの関係
（注意：各企業にて確認と補正が必要です）

ベルト類やチェーンにおける張力調整テンショナは、個数が増えると装填STが急増する。3個までが理想。

6-2-3. プーリ/アイドラ/テンショナって何？

厳さん！あのぅ～、そのぅ～……アノですね。
実は、プーリ、アイドラ、テンショナって出てきましたけど、すべてはローラ形状で、みんな同じですよね？

ちょい待チィ！
今からよぉ、**図表6-2-9**を用意すんから、ちょいと待て！

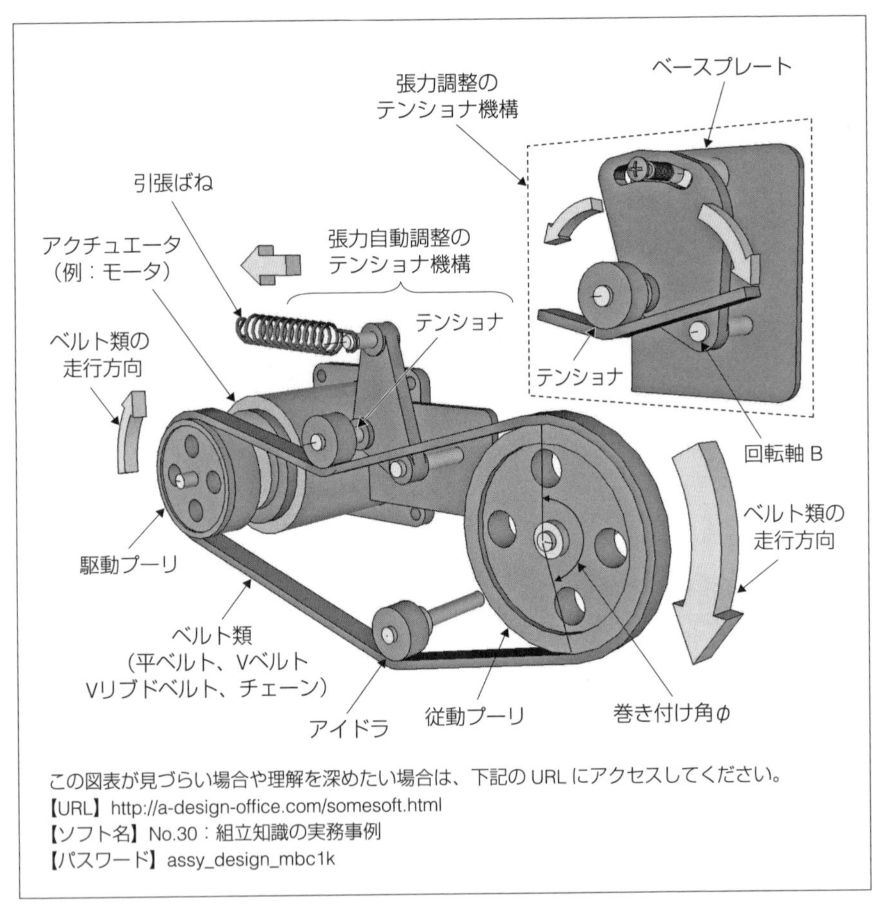

図表6-2-9　駆動、伝達系の用語解説図

ここで、ベルトやチェーン設計には欠かせない専門用語や設計ワザの説明をしておきましょう。

【①：駆動プーリと従動プーリ】

図表中におけるアクチュエータとして、DCモータが描かれています。そのモータ駆動軸と嵌合（かんごう）しているのが駆動プーリです。または、原動プーリという場合もあります。

一方、駆動プーリの反対側（図表中の右側）を従動プーリと呼びます。現場では、わざわざ駆動プーリ、従動プーリとは言いません。見ればわかるので、共にプーリと呼びます。

【②：アイドラ】

図表6-2-1では、ベルト類とチェーンの相違を解説しました。設計的にどのように選択するかの解説は、本書では省略しますが、「使用目的の明確化注」を設定した後は、計算で求めた伝動容量、速度、騒音、寿命、用途、組立性、保全性、目標コストなどから最適なベルト類やチェーンを選択します。

注：設計プロセスの用語で、設計の目的を明文化する行為。設計書の中の重要項目の一つ。書籍「ついてきなぁ！『設計書ワザ』で勝負する技術者となれ！」を参照。

また、前述の伝達容量の計算時には、図表6-2-9中の「巻き付け角：φ」を算出します。このときの調整役が図表中のプーリ、つまり、アイドラです。

アイドラは、基本的にベルト類やチェーンにテンションをかける部品ではありません。したがって、アイドラ軸は、単純な固定軸となります。

厳さん！
これって、「ちょいと茶でも」で教えてくれた「**一部品一機能**」ですね！

オイ、まさお！
オメェも設計職人に近づいたじゃねぇかい。
頼もしい**ぜい**！

【③：テンショナ】

ベルト類の長さは、メーカーへ特注もできますがコスト高になるだけです。そこで、何種類かラインアップされている標準品から選択します。しかし、どうしても長すぎる場合があります。そこで、前述のアイドラとテンショナの組合せで長さやローラの軸間距離を調整します。

ベルト類やチェーンは、必ず伸びが生じます。伸びは、前述の「巻き付け角」を狂わせ、プーリからベルト類が外れる恐れがあります。

そこで、ベルト類の伸びを吸収し、最適な張力を与えるためのプーリがテンショナです。

厳さん！厳さん！ちょっと進行が早すぎますよ。
あの〜ぉ、アイドラとテンショナの区別がつきません。図表6-2-9の絵だって、先端は、まったく同じローラ形状じゃないですか？

オイ、まさお！オメェまだケツが青いなぁ、あん？
そんじゃよぉ、図表6-2-9の駆動プーリとベルト走行方向に注目しろ！

ハイ、厳さん、図表6-2-9を開きました。ベルトの走行方向は、右回り、つまり、時計方向ですね。

オイ、まさお！
駆動プーリがよぉ、ベルトを引き込む側のベルトは緊張し、その逆で、ベルトを放出する側が弛むってぇことぐれぇ、オメェ、想像しろや、あん？　技術屋だろがぁ、あん？

ベルト類やチェーンにおけるテンショナは、走行方向で放出側、つまり、弛緩側（しかんがわ）に設置する。

【④：張力自動調整のテンショナ機構】

ベルト類やチェーンにテンショナは実装必須[注]であることは、前述の厳さんの解説で理解できたと思います。しかし、この張力（tension、テンション）を掛けるという作業はとても大変でST大となる一要因です。

注：最適な軸間距離を設定し、テンショナ不要とする場合もある。

そこで、図表中の自動張力機構は、計算された引張りばねで、ベルト類に張力を与えようという機構です。

主に、AV機器やOA機器に多用されています。

【⑤：張力調整のテンショナ機構】

前述の張力を与えるのが引張ばねによる自動ではなく、組立作業中に測定器を見ながら張力を与え、張力調整が完了したら、ねじなどでロック（固定）するのが張力調整機構です。自動車エンジンをはじめ、重機械などで採用されています。

【⑥：設計ワザや注意事項】

ベルト類のある材料によっては、図表中に示す外側アイドラ（背面アイドラ）を推奨しない場合があります。とくに、新材料のベルト類の選択時は、必ずメーカーと相談してください。

また、当事務所では、クライアント企業に対して、……

a）アイドラに張力をかけること．[注1] b）新材料のベルト類やチェーンの採用。[注2] c）張力自動調整の引張ばねを採用すること。[注3]	原則禁止！

以上の項目は使用禁止、もしくは厳重な設計審査を施しています。トラブルが多いことがその理由です。

注1：一部品多機能に該当する。図表6-2-5で復習。
注2：トラブル三兄弟の「新規」に該当。書籍「ついてきなぁ！失われた『匠のワザ』で設計トラブルを撲滅する」、同「ついてきなぁ！設計トラブル潰しに『匠の道具』を使え！」を参照。
注3：この後に解説する。

6-2-4. 事例：タイミングベルトの組立設計見積り

項目6-2-2同様に、図表6-2-6からタイミングベルト周辺のみを取り出したのが、**図表6-2-10**です。

以降、この組立に関する設計見積りを実施しましょう。ただし、本項もロット3,000個の見積り条件とします。

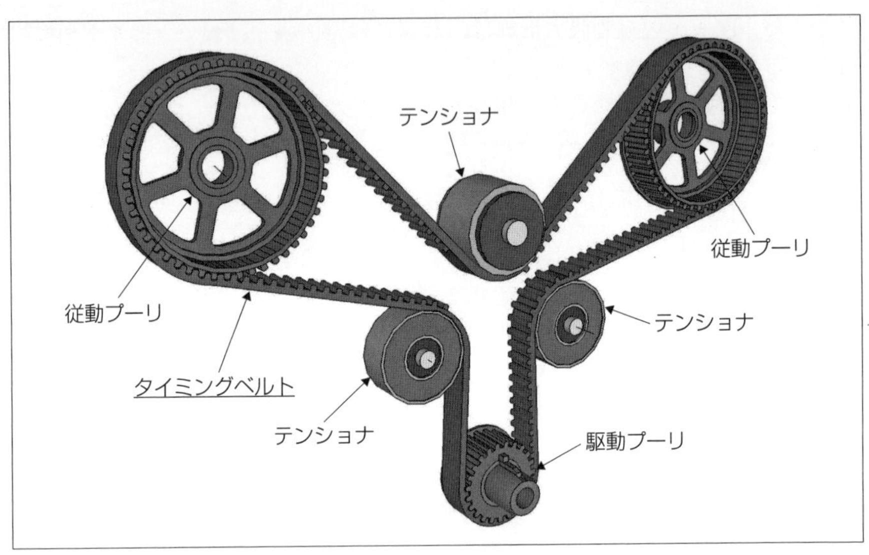

図表6-2-10 自動車エンジンルーム内のタイミングベルト周辺

【図表6-2-10の組立見積り】

第4章の図表4-1-2の公式4-1-3を使います。

また、ロット3,000個の見積り条件から、図表4-1-3に示すロット倍率は、0.87となります。タイミングベルトの標準STは、図表6-2-1から0.12を採用します。

一方、図表6-2-8より、……

① プーリ3個：(0.12 × 3) × 1.37 = 0.49

② アイドラ0個：0

③ ベルト張力を調整するテンショナ3個（調整のSTは除く）：(0.12 × 3) × 1.46 = 0.53

} 合計：1.02

組立見積り = (1.02 × 40[注]) × 0.87 = 35.5 指数（円）

となります。

注：日本企業の平均工賃 40 円/分のこと。項目 2-2-2 と項目 2-2-3 を参照。

6-2-5. 事例：ドイツ車にみるチェーンドライブの組立設計見積り

国産自動車の多くは、図表6-2-10で示したタイミングベルトを使用しています。その寿命は約10万キロメートル。

一方、ドイツ車の多くは、図表6-2-10のチェーンを使用しています。とくにあの有名なメルセデスベンツが使用しており、「チェーンドライブ」と呼ばれています。その寿命は30万キロ。つまり、車の一般寿命です。

静粛性はタイミングベルトが優れていますが、チェーンドライブ独特のサウンドは、まるで航空機のジェットエンジンのような「キュイ〜ン」というサウンド。チェーンベルトが奏でるベンツサウンドは、ファンを唸らせます。

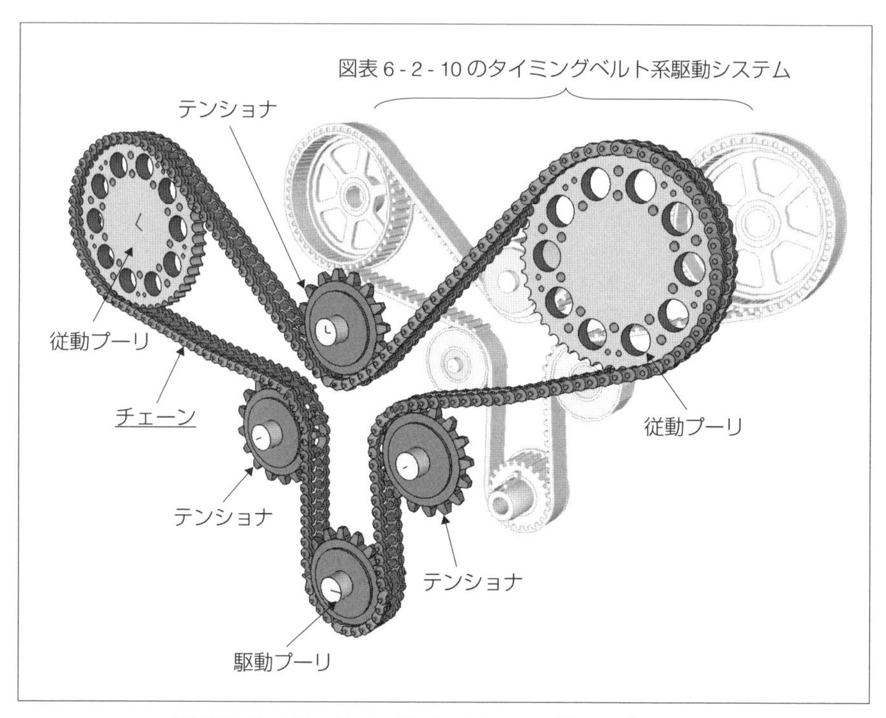

図表 6-2-11　ドイツ車にみるチェーンドライブシステム

それでは、チェーンドライブの組立に関する設計見積りを実施しましょう。ただし、本項もロット3,000個の見積り条件とします。

【図表6-2-11の組立見積り】

恒例の第4章の図表4-1-2の公式4-1-3を使います。

また、ロット3,000個の見積り条件から、図表4-1-3に示すロット倍率は、0.87となります。チェーンの標準STは、図表6-2-1から0.15を採用します。

一方、図表6-2-8より、……

① プーリ3個：$(0.15 \times 3) \times 1.37 = 0.62$
② アイドラ0個：
③ ベルト張力を調整するテンショナ3個（調整のSTは除く）：$(0.15 \times 3) \times 1.46 = 0.66$

合計：1.28

組立見積り＝$(1.28 \times 40^{注}) \times 0.87 = 44.5$ 指数（円）

となります。

注：日本企業の平均工賃40円/分のこと。項目2-2-2と項目2-2-3を参照。

厳さん！
ちょっと、高級外車のショールームへ行ってきまぁ～す！

行って来い、行って来い！
ついでに**よぉ**、エンジンルームを見せてもらえよな。
それが終わったら**よぉ**、前述の計算結果を**可視化**してくれや！
数値だけじゃ、わからんだろがぁ。

次の**図表6-2-12**に、厳さんの要望を可視化しておきました。タイミングベルト、もしくは、チェーン……皆さんはどちらの手段を選択しますか？ ここに学問ではない、設計職人としての腕の見せ所や楽しみが存在しています。

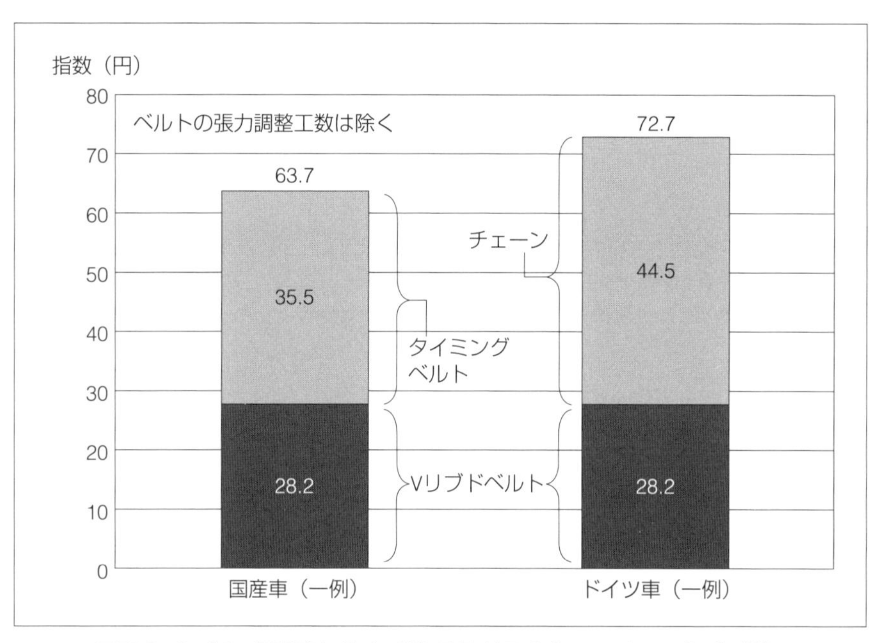

図表6-2-12 国産車とドイツ車にみるドライブシステムコスト（一例）

Zzzz……

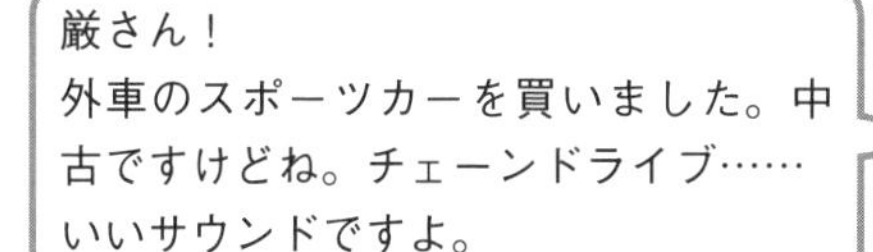

厳さん！
外車のスポーツカーを買いました。中古ですけどね。チェーンドライブ……いいサウンドですよ。

組立/現地力・チェックポイント

【第６章 ベルトとチェーンの組立知識と設計見積り】

第６章における「組立/現地力・チェックポイント」を下記にまとめました。理解できたら「レ」点マークを□に記入してください。

〔項目6 - 1：ベルトとチェーンの設計知識〕

① エンジン、モータ、ソレノイドなどの駆動体を専門用語で「アクチュエータ」と呼ぶ。 □

② 各国の工業規格を学ぶことは、現地化の第一歩に相当する。（再掲載） □

〔項目6 - 2：ベルトとチェーンの形状の相違〕

① ベルトは無潤滑、チェーンは潤滑剤を必要とする。潤滑剤の塗付や、管理時と装填時の質量大がチェーンのSTを増加させている。 □

② ディメンションが１種類の「一部品一機能」と「一部品二機能」は、設計の基本形である。 □

③ 組立工数をケチって、「一部品多機能」であり、ディメンションが複数ある場合、設計審査で却下の場合がある。とくに「共締め」は要注意。 □

④ 本書は、すべて身近な商品を事例に取り上げている。必ず、現物で確認しよう！書籍を読んだだけでは、設計職人にはなれない。 □

⑤ ベルト類やチェーンにおける張力調整テンショナは、個数が増えると装填STが急増する。3個までが理想。 ☐

⑥ ベルト類やチェーンにおけるテンショナは、走行方向で放出側、つまり、弛緩側（しかんがわ）に設置する。 ☐

⑦ 設計審査における組立性、保全性、分解性は常に質問される設計品質である。（下記、厳さんのコメント） ☐

チェックポイントで70％以上に「レ」点マークが入りましたら、第7章へ行きましょう。

厳さん！
伝達系のベルトやチェーンですが、トルクとか、伝達容量とか、コストだけで選択していました。

装着 ST も考慮しないとダメですね。

オイ、まさお！
いつまでたっても修行が足らんヤツだ！
組立だけじゃねぇぞ、保全性や分解性も考慮しているんだろうな。**あん？**

分解性は、設計審査で常に質問される設計品質だぞ！

設計審査における組立性、保全性、分解性は常に質問される設計品質である。

第7章
コイルばねの組立知識と設計見積り

7-1　コイルばね（引張りばねと圧縮ばね）の設計知識
7-2　事例：ステンレス製圧縮ばねの設計見積り
7-3　コイルばねの装着に関する設計見積り方法
〈組立 / 現地力・チェックポイント〉

厳さん！
コイルばねって、設計や組立で軽視されていますよ……。

だったらよぉ、まさお！

この章で、磨こうじゃねぇかい、あん？
ついでによぉ、装着 ST も学ぼうじゃねぇかい！

【注意】
第7章に記載されるすべての事例は、本書のコンセプトである「若手技術者の育成」のための「フィクション」として理解してください。

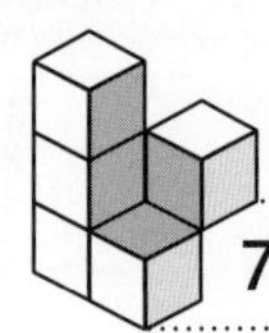

第７章　コイルばねの組立知識と設計見積り

7-1. コイルばね（引張ばねと圧縮ばね）の設計知識

第６章の冒頭では、下記を約束しました。

> 以降は、本書のコンセプトに沿って、「ベルトとチェーンとばね[注]」に関する組立知識を取り上げます。そのキーワードは、「掛ける」。掛ける、引っ掛ける組立作業に注目します。　注：ばねは第７章で解説する。

それでは次に、重要な機械要素である「ばね」の解説に入りましょう。

厳さん！厳さん！
どうしてここで、「ばね」なんですか？ しかも、引張ばねがあるんですか？

オイ、オイ、まさお！
もう、忘れチまったのかい、あん？ 第６章の図表6-2-9で「張力自動調整のテンショナ機構」をよく見てみろっ！

張力自動調整テンショナ機構
テンショナ

厳さん！
これですね！確かに
引張ばねが装着されていますよね。

見ましたよ、理解していますよ、厳さん！
そうじゃなくて、……
第６章の項目6-2-3の終盤で、以下を解説していたじゃないですか？「ｃ)」の記載ですよ、原則禁止なんでしょ？

a）アイドラに張力をかけること
b）新材料のベルト類やチェーンの採用
c）張力自動調整の引張ばねを採用すること
｝原則禁止！

おぉ、まさお、許シチくれ。
実はなぁ、引張ばねのフック部における破断トラブルが非常に多いんだ。だから、「原則禁止」と書いて、ちょいと、オメェを脅かしちまったんだ。

今後、「ついてきなぁ！」シリーズの新刊で、引張ばねのフック部破断対策を講じます。ご期待ください。

さて、「ばね」や「スプリング」といえば、「コイルばね」または、「コイルスプリング」が代表的です。

この「コイルばね」は、**図表7-1-1**に示すように、フック部を有する「引張りばね」と単純形状の「圧縮ばね」に大分類されます。

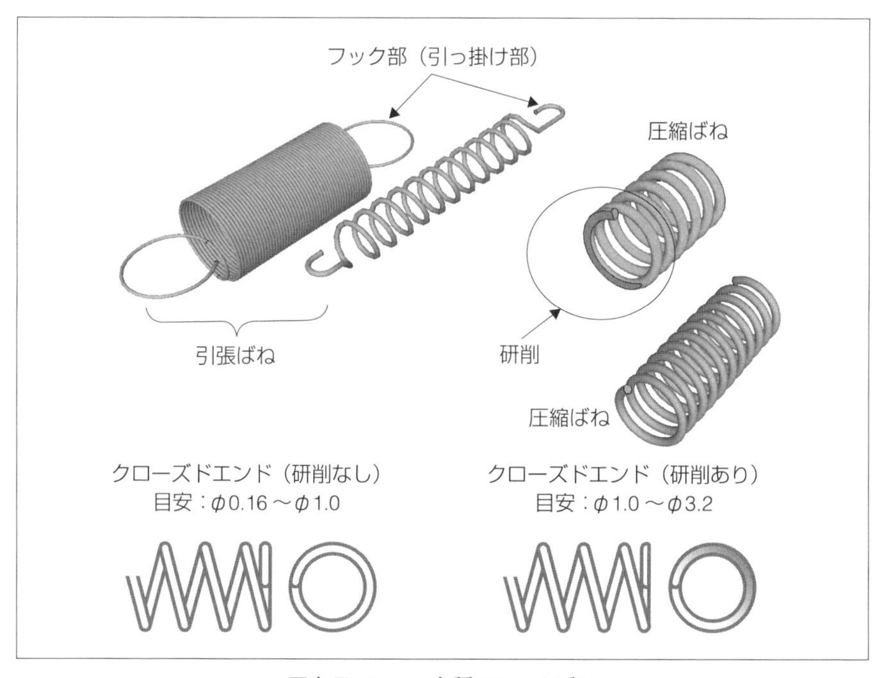

図表7-1-1　各種のコイルばね

7-1-1. コイルばねの材料知識

図表7-1-2は、コイルばね用の代表的な材料とその特性表です。縦弾性係数や横弾性係数やポアソン比など、難しい特性値が掲載されていますが、これらはCAE[注]技術者にとって、喉から手が出るほど重要なパラメータです。

注：Computer Aided Engineeringの略。主に、コンピュータシミュレーションのこと。近年は、女性技術者の進出が目覚ましい。

SUS304WPBの場合
【目安】比重:7.8 縦弾性係数:170 kN/mm^2、横弾性係数: 72 kN/mm^2
線膨張係数:17.3×10^{-6}/℃、ポアソン比:0.30、熱伝導率:16 W/(m·K)

SWPA、SWPBの場合
【目安】比重:7.9 縦弾性係数:195 kN/mm^2、横弾性係数: 79 kN/mm^2
線膨張係数:12×10^{-6}/℃、 ポアソン比:0.30、熱伝導率:60 W/(m·K)

		Q				C	D
No	記号	サイズ (mm) 【目安】	引張強さ (N/mm^2) 【目安】	ばね限界値 (N/mm^2) 【目安】	特徴 / 用途	コスト係数	入手性
[1]	SUS 304 WPB	【線径】 0.16-2.0	2061	1854	【特徴】SWPAに比べ、耐久性は劣るが、耐食性良好。	4.10	良好
[2]	SWPA	【線径】 0.35-3.2	2246	1999	【特徴】ピアノ線のこと。耐久性（＝耐疲労性）良好。防錆としてめっきを要す。熱伝導率の大きい方から銅線、アルミニウム線、ピアノ線という具合に熱伝導率が高い。	2.99	良好
[3]	SWPB	【線径】 0.35-3.2	2414	2131	【特徴】ピアノ線のこと。耐久性（＝耐疲労性）良好。防錆としてめっきを要す。熱伝導率の大きい方から銅線、アルミニウム線、ピアノ線という具合に熱伝導率が高い。SWPAよりも耐久性に優れる。	3.73	良好

図表7-1-2 コイルばね用の材料特性表
（注意：すべての値は参考値です。各企業においては確認が必要です。）

SWPAとSWPBは、通称、「ピアノ線」と呼ばれています。鋼線ゆえに錆びるので、「防錆油」を塗布する場合や、亜鉛めっきクロメートやニッケルめっきが施されます。

また、SUS304WPBは、ステンレスゆえに錆びにくいのですが、ニッケルめっきを施す場合もあります。その理由は、「高温酸化の防止」と「更なる耐食性」を得るためです。

錆びにくいSUS304WPBは、ニッケルめっきを施す場合がある。その理由は、高温酸化の防止と耐食性の向上を得るためである。

ちょいと茶でも……

なぜステンレスなのに、わざわざニッケルめっきをするの？

一般的に、亜鉛めっきと、亜鉛めっきクロメートと、黒色亜鉛クロメートの亜鉛系めっきは、鉄系の素材に対して施します。

一方、その他のニッケル系めっきとクロム系めっきは、鉄系、ステンレス系、銅系、アルミ系、樹脂系に施すことができます。そして最後のアルマイト系の表面処理は、アルミ系の素材に対して施します。

図表7-1-3は、当事務所のクライアント企業から協力を得て分析した「表面処理の部品点数ランキング」です。

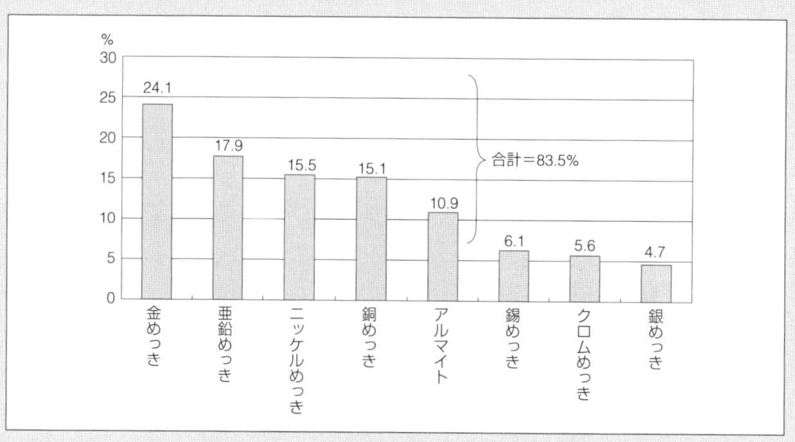

図表7-1-3　EVを含む電気・電子機器における表面処理の部品点数ランキング

さて、ここで標題について解説します。

ニッケルめっきは、防錆/防食目的で選択していたステンレス材料が使用条件を満足すれば、「一般鋼板＋ニッケルめっき」にすることにより、低コスト化が可能な場合があります。

しかし、SUS304、SUS316、SUS430などの腐食しにくいステンレス材に、わざわざニッケルめっきをするのはなぜでしょうか？以下に、その理由をまとめました。

① ステンレス材の金属間摩擦によるかじりや焼きつきを防止。
② ステンレス材の高温酸化を防止する。
③ 反射特性（反射率）の向上を目的とする。
④ 更なる耐食性、耐指紋特性の向上を目的にする。
⑤ ステンレス材は熱伝導が悪いので銅めっきを施し、その上にニッケルめっきを施す。[注]

注：上記⑤は効果なしという説もある。

厳さん！
表面処理の世界は奥が深いですね！
頭でわかっていても、経験がないと
応用できませんね。

おぉ……
これまさに、学問との相違、
職人の世界ってもんよ！

7-1-2. コイルばねの加工知識

図表7-1-2の材料を用いてコイルばねを製造します。代表的な線径は、φ0.1～φ14 mmです。

その材料を「線材」といいますが、注文数が少ない場合や試作の場合は、まるで旋盤のような加工機にシャフトをチャッキングし、手作業にてそのシャフトの外周に線材を巻いていきます。ゆっくりと……。

もちろん大量生産の場合、原理は同じでも線材の供給から取り出す際の線材のカッティングまで全自動化されています。

次ページに示す**図表7-1-4**は、後者の場合を簡易的に解説したコイルばねの生産工程です。コイルばねとしては「圧縮ばね」であり、冷間加工を主体に解説しています。

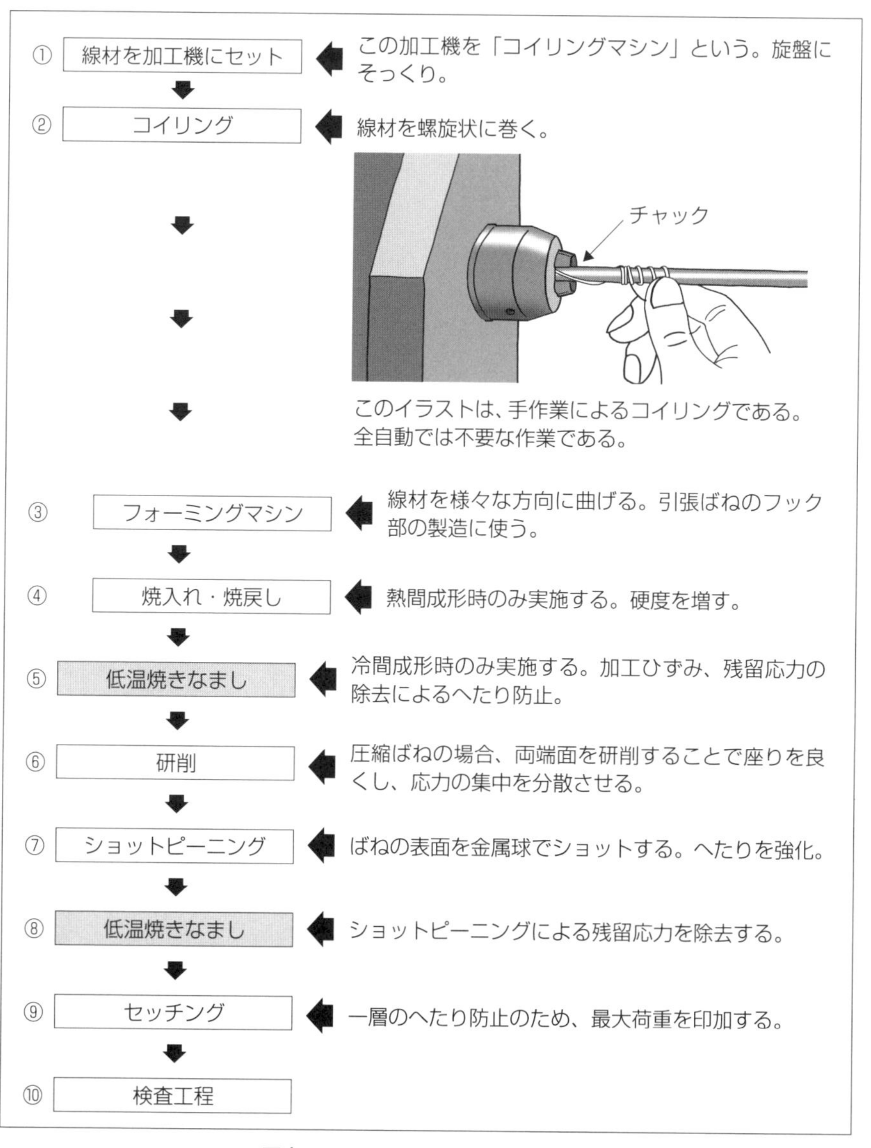

図表7-1-4　圧縮ばねの加工工程

図表7-1-4における工程番号②の「コイリング」ですが、まるで旋盤のような加工機に注目してください。大量生産するばねでも、必ず試作品はこのように製造されます。コイルリング作業は常温で行われるので、これを「冷間加工」と呼びます。

コイリングの次の工程は、冷間加工の圧縮ばねゆえに、②③を飛ばして工程番号⑤の「低温焼きなまし」に入ります。ここで残留応力を除去したら、工程番号⑥の「研削」に入ります。研削は、圧縮ばねのときのみに施す加工です。

もう一度、図表7-1-1の丸で囲んだ部分を見てみましょう。そこが「研削」箇所です。線径がϕ 0.16～ϕ 1.0の圧縮ばねの場合は、研削はしない「クローズドエンド（研削なし）」が多勢ですが、ϕ 1.0、もしくは、ϕ 1.2以上の線径となると研削を施す場合（クローズドエンド（研削あり））が多くなります。

この後は、圧縮ばねも引張りばねも共通で、「ショットピーニング」、「低温焼きなまし」、「セッチング」、「検査」で終了です。

コイルばねは、何度も残留応力除去の工程が設けられています。職人なら、ここが弱点だと気が付いてください。工程を分析することで、その部品の弱点が見えてきます。

おぉ……オイ、まさお！
図表7-1-4をさらっと眺めたんじゃあるめぇな？
ここに「現地化」の重大ヒントが隠れているんだ**ぜい**。
オメェにわかるかっ、**あん？**

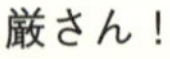

厳さん！
わかりますとも。下に書いておきますね。
設計だけでなく、生産技術の「現地化」にも通じますね！

工程を分析することで、その部品の弱点が見えてくる。ここを現地化では、真っ先に押さえる必要がある。これは、生産技術にも言える。

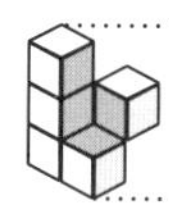

7-2. 事例：ステンレス製圧縮ばねの設計見積り

第１章では、「本書を理解するための基礎知識」と題して、百円ショップの樹脂製ブックエンドと板金製ブックエンドを身近な事例として取り上げ、設計見積りに関する重要な知識を学びました。

さて、本項では、第１章の復習を兼ね、同様に身近な商品を事例として取り上げ、演習問題を解きながら「コイルばね」の設計見積りを算出してみましょう。

設計見積りの学習は、製造工程を理解できます。逆に製造工程を知らないと見積りができません。

ただし、設計者にマニアックな知識は不要です。安心してください。

設計見積りは製造工程を理解できる。製造工程を知らないと設計見積りはできない。しかし、マニアックな知識は不要である。

図表7-2-1は、よく使われるステンレス材の圧縮ばねです。このばねのロット3,000個におけるコストを見積もってみましょう。その他の設計見積り諸元は図中に記載しました。

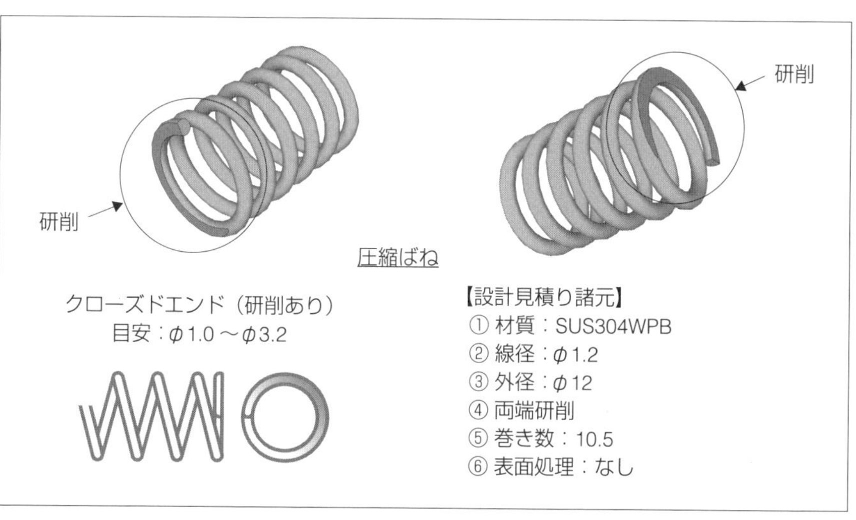

図表7-2-1　圧縮ばねの設計見積り諸元

7-2-1. 材料費を求める

まず、第1章で記載した公式1-2-1の「材料費」を求めますが、コイルばねの材料費は次の公式7-2-1で求めます。とくに、下段の「コイルばねの体積」は、近似式となっています。

【公式7-2-1】

材料費 = 体積 × 係数（C）× 10^{-3}
（単位：指数）（mm^3）（図表7-1-2を参照）

コイルばねの体積＝(線径/2)^2 × π × (外径＋内径)/2 × π × N（N：巻き数）

体積＝$(1.2/2)^2 \times \pi \times (12 + 9.6)/2 \times \pi \times 10.5$
$= 402.92\ mm^3$
材料費＝体積 × 4.1×10^{-3} = 1.7 指数（円）

7-2-2. 加工費を求める

【I. ロット倍率を求める】

量産効果のロット倍率を**図表7-2-2**で求めます。

ロット3,000個の場合のロット倍率を求めると、Log3000 = 3.5であり、グラフより「0.67」と読めます。

ここでもう一度、図表7-2-2を見てみましょう。第1章ではお馴染みのコロット倍率（量産効果）です。

例えば、ロット1000個の単価は「1」ですが、これがロット100個になれば「2.93」であり、材料単価はなんと2.93倍に増加します。逆にロット50,000個となれば「0.3」であり、なんと7割もダウンします。

コイルばねも大量生産向きの部品であり、ここに儲かるネタがあります。そして、ここに大きな「現地化」のヒントが潜在しています。

コイルばねに関する激しいロット倍率（量産効果）を知ることが、「現地化」の大きなヒントになる。

各部品のロット倍率（量産効果）を知ることは、設計/製造/調達における「現地化」の重大要素であり、原価管理[注1]の重大要素でもある。

注1：原価に関しては、第1章を復習。とくに、項目1-1-1から項目1-1-5を復習。

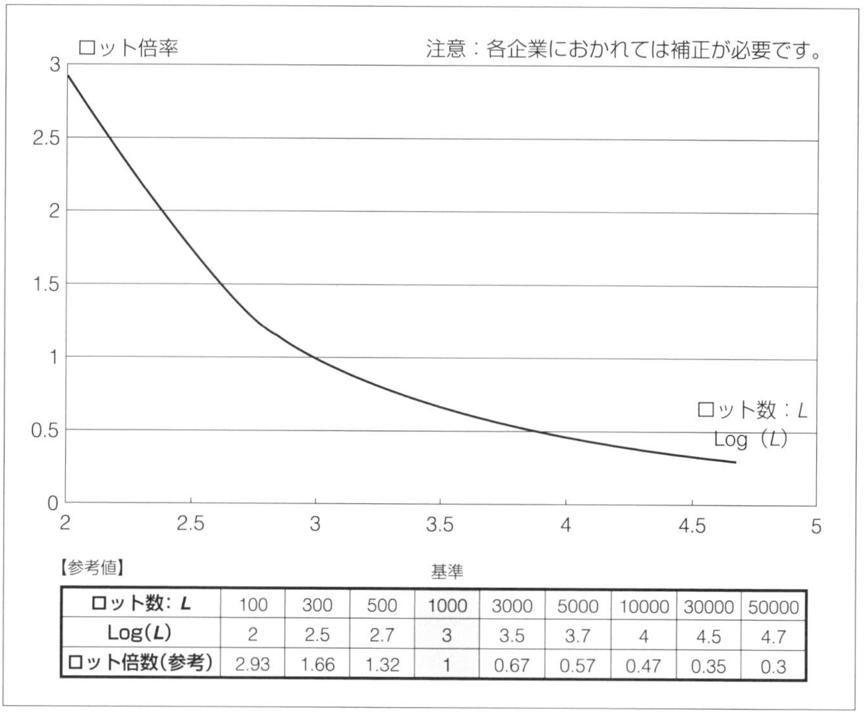

ロット数：L	100	300	500	1000	3000	5000	10000	30000	50000
Log(L)	2	2.5	2.7	3	3.5	3.7	4	4.5	4.7
ロット倍数(参考)	2.93	1.66	1.32	1	0.67	0.57	0.47	0.35	0.3

図表7-2-2　コイルばねの量産効果

【Ⅱ. 基準加工費を求める】

ロット1,000本の加工費を基準とする「基準加工費」を、**図表7-2-3**より求めます。

その前に、公式7-2-2でコイルばねの「長さ：L」を求めます。この「コイルばねの長さ」は、近似式となっています。

【公式7-2-2】

コイルばねの長さL＝(外径＋内径)/2 × π × N

(mm)　(mm)　(mm)　(N：巻き数)

長さ：L = 356 × 10^{-3} = 0.36
基準加工費 = 4.5 指数（円）……**図表 7-2-3** から読み取れます。

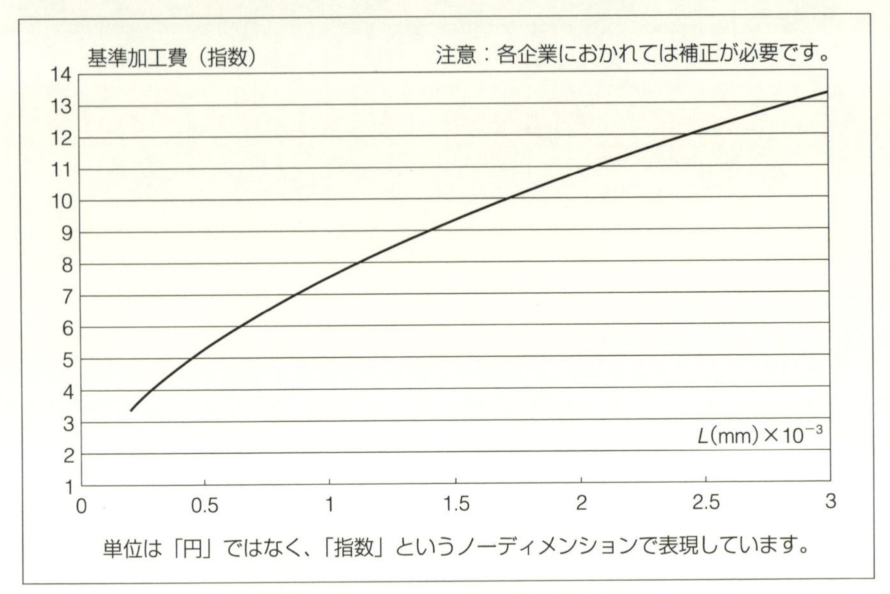

図表 7-2-3　コイルばねの基準加工費

【Ⅲ. 加工費を求める】

前述により基準加工費が求められたので、第1章で掲載した公式 1-2-4 に当て嵌めれば求めるロット数、つまり、ロット 3,000 個における加工費が求まります。

【公式 1-2-4】

加工費 = 基準加工費（ロット 1000）× ロット倍率（再掲載）

加工費 = 4.5 × 0.67 = 3.0 指数（円）

厳さん！あの～……
「量産効果を知ることが、現地化の大きなヒントになる」という、ちょっと抽象的な組立/現地化ポイントが続きましたけど、よくわかりません。具体的にはどういう意味ですか？

オイ、まさお！
そこによぉ、「現地化」の重大ヒントが隠れているじゃねぇかい。
つまシ、現地におけるロット倍率（量産効果）を求めろってことよ。まさか、観光気分じゃあるめぇな、あん？

現地化とは、現地における各部品のロット倍率（量産効果）を求めることを意味する。

【Ⅳ. その他の加工費】

図表7-2-4に、その他の加工を掲載しました。課題のばねは、「両端研削ばね」ですから、

その他の加工の基準加工費＝10指数（円）……となります。

その他の加工	適用ばね	イメージ図	ロット1000個でのコスト指数（円）
両端研削	圧縮ばね	①	10
両端フック部	引張ばね	②	16
端部曲げ	ねじりばね	③	1回曲げ：4

注意：各企業におかれては補正が必要である。

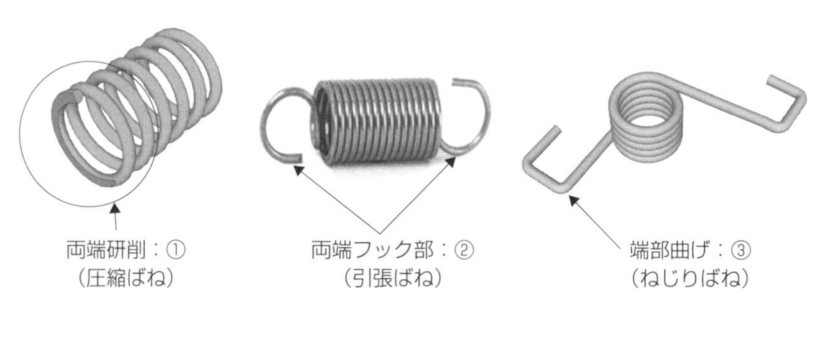

補足：フック部は、片側で「2回曲げ」とカウントする。

図表7-2-4　コイルばねにおけるその他の加工の基準加工費

【V．その他の加工のロット倍率を求める】

両端研削の加工費にも量産効果によるロット倍率が存在します。課題のロット数は3,000個なので、**図表7-2-5**より、0.83と読み取れます。

したがって、その他の加工である両端研削の加工費は、
その他の加工費＝10×0.83＝8.3指数（円）……となります。

組立/現地力 コイルばねに関するフック部などの「その他の加工」は、コスト高であることを理解しよう。

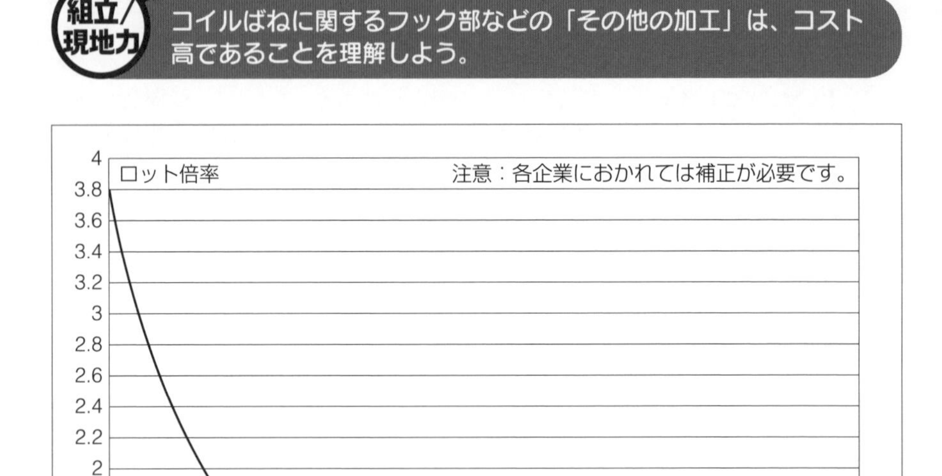

【参考値】　基準

ロット数：*L*	100	300	500	1000	3000	5000	10000	30000	50000
Log(*L*)	2	2.5	2.7	3	3.5	3.7	4	4.5	4.7
ロット倍数(参考)	3.83	1.65	1.27	1	0.83	0.79	0.75	0.70	0.68

図表7-2-5　コイルばねにおけるその他の加工のロット倍率（量産効果）

「現地化とは、現地におけるロット倍率を求めること」……ずいぶん深い所まで入ってきました。

ちょいと茶でも……

コイルばねの表面処理コストは？

ここまで、図表7-2-1の圧縮ばねを課題に解説してきました。この課題のばね材料は、SUS304WPBであるため、特別な理由がなければニッケルめっきなどの表面処理は不要です。

しかし、ばね材料が同表に示したSWPAやSWPBの場合、防錆のために亜鉛めっきや、亜鉛めっきクロメートや、黒色亜鉛クロメートなどを施します。

それでは、その表面処理コストはどれほどでしょうか？

え〜とぉ確かぁ……
めっきは、量が少ないとバカ高で、量が増えるとただ同然のめちゃ安だったと思います。

オイ、まさお！何度言ったらわかるんだ。「高い、安い」は学者の世界だ。オイラのような職人がよぉ、「高い、安い」じゃ、飯は食えねぇだろがぁ、あん？
まさか、オメェ……

厳さん……
そのまさかがまた、当たってしまいました。「高い、安い」だけで「現地化」を語り、現地化を推進しようとしていました。

部品の「高い、安い」だけでは、現地化を語れない。推進もできない。

図表 7-2-6 は、亜鉛めっきクロメートの衝撃的なロット倍率（量産効果）です。

もし、図表 7-2-1（見積り課題）のばね材料がSWPAであり、亜鉛めっきクロメートを施した場合、図表 7-2-6 を用いて概算すると、めっきコストは、「0.4 指数（円）」となります。

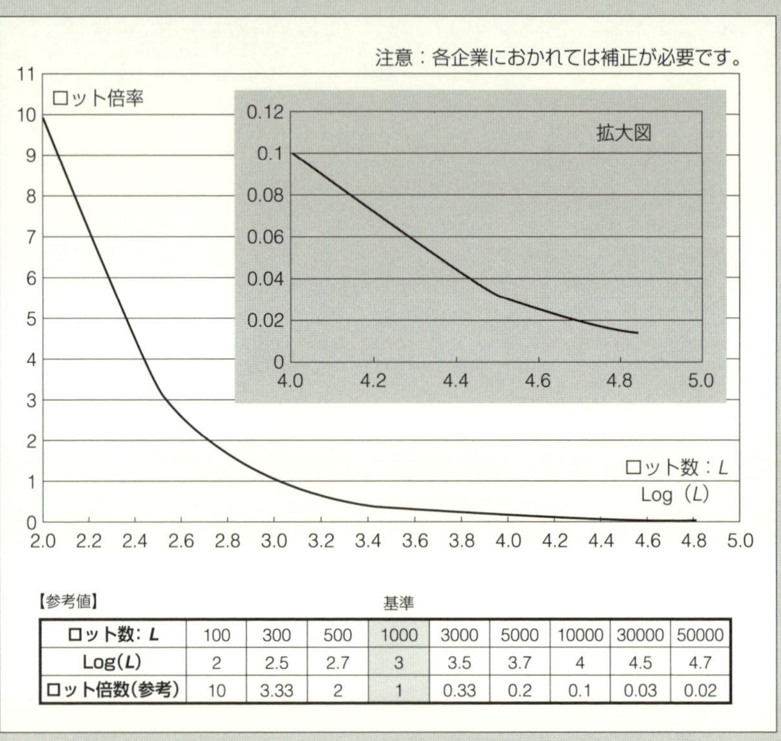

【参考値】　基準

ロット数：*L*	100	300	500	1000	3000	5000	10000	30000	50000
Log(*L*)	2	2.5	2.7	3	3.5	3.7	4	4.5	4.7
ロット倍数(参考)	10	3.33	2	1	0.33	0.2	0.1	0.03	0.02

図表 7-2-6　亜鉛めっきクロメートに関するロット倍率（量産効果）

めっきなどの表面処理は、ロット 1,000 を基準に、ロット 100 だとなんと 10 倍、逆に数量が増えてロット 10,000 になると、再び驚きの 0.1 倍。ただ同然です。

詳細は、書籍「ついてきなぁ！加工部品設計の『儲かる見積り力』大作戦」を閲覧してください。

【vi. まとめ】

① 材料費（SUS304WPB）：1.7 指数（円）
② 加工費：3.0 指数（円）
③ その他の加工費（両端研削）：8.3 指数（円）
④ 表面処理なし：0 指数（円）

合計 ＝ 13.0 指数（円）

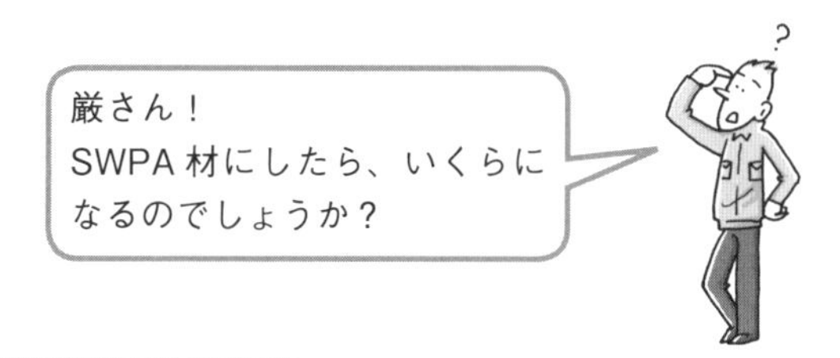

厳さん！
SWPA 材にしたら、いくらに
なるのでしょうか？

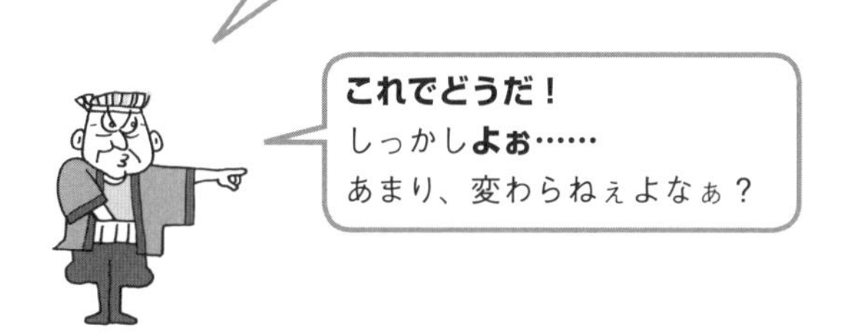

厳さんの「あまり、変わらねぇよなぁ？」の感想ですが、設計見積りにおける各要素のロット 3,000 個という「ロット倍率」が効いているようです。

そこで、**図表 7-2-7** にロット 100、500、1000 の設計見積りを算出してみました。厳さんが何度かアドバイスしている「比較法」で、ステンレス材である「SUS304 - WPB」との違いを発見してみましょう。

これが現地化のネタであり、設計の実務です。

設計見積り要素	ロット 100		ロット 500		ロット 1000	
	SWPA	SUS304－WPB	SWPA	SUS304－WPB	SWPA	SUS304－WPB
材料費	1.2	1.7	1.2	1.7	1.2	1.7
加工費	13.2	13.2	5.9	5.9	4.5	4.5
その他の加工費(両端研削)	38.3	38.3	12.7	12.7	10.0	10.0
亜鉛めっきクロメート	13.0	0	2.6	0	1.3	0
合計	65.7	53.2	22.4	20.3	17.0	16.2
差分	12.5		2.1		0.8	

図表 7-2-7　SWAP製ばねとSUS製ばねのロット別コスト比較

厳さん！
めっきの量産効果が設計見積り値に大きく起因していますね！

オイ、まさお！
オメェも賢くなったよ**なぁ。**
そうだ、その通りだ。
職人は必ず「比較法」で理解しろ。
「比較法」は、現地化でも応用が利く**ぜぃ！**

オイ、まさお！
そんじゃ、早速の比較だぜぃ。EリングとCリングの機能とコスト上の相違を語れ！覚えてっかぁ？
早く答えろ、これは、命令だぁ！

え～と、そのぉ～、あのぁ～……
確か、第5章の項目5-1-1は形状の相違、項目5-1-2が機能を含めた組立装着の相違、項目5-2がコストの相違でしたよね？

比較法による自己研鑽は、設計職人となる近道。それはまた、「現地化」への王道である。

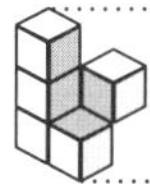

7-3. コイルばねの装着に関する設計見積り方法

それでは、恒例の身近な事例を取り上げて、コイルばね装着に関する設計見積りの方法を解説します。

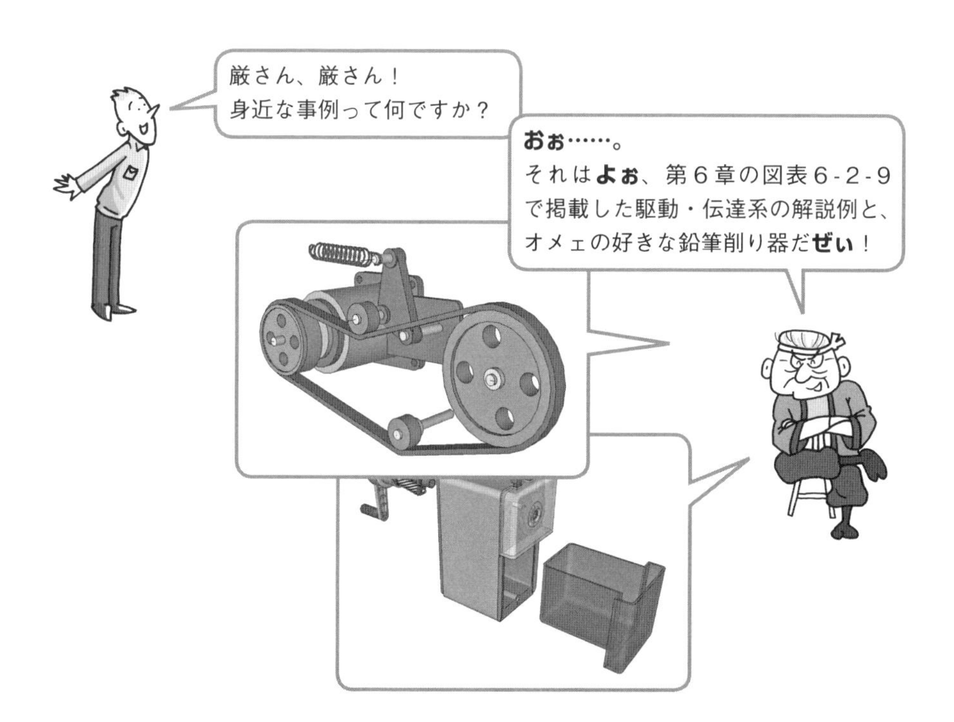

厳さん、厳さん！
身近な事例って何ですか？
おぉ……。
それはよぉ、第６章の図表６-２-９で掲載した駆動・伝達系の解説例と、オメェの好きな鉛筆削り器だぜぃ！

7-3-1. 引張ばねの装着に関する設計見積り

次ページに示す**図表7-3-1**は、コイルばねのうち、引張ばねとねじりばね[注]に関する各種STが記載されています。

注：開発の現場では、トーションばね、トーションスプリングと呼ぶ。

No.	組立名	事例	ST（分）	備考
22	引張ばねの実装 （上方アクセス） 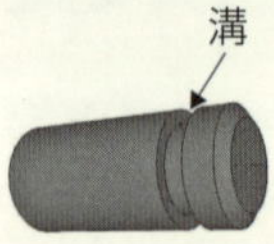 溝	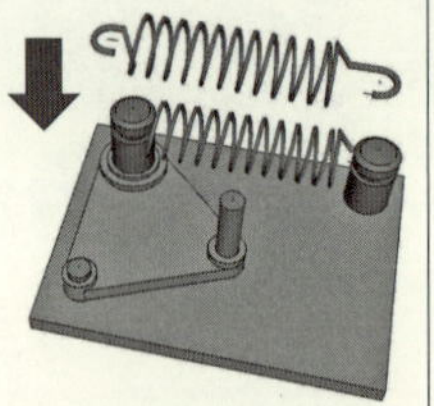	0.07	・ばねの両端にフック部あり。 ・軸には、フックに相当する部分に引っ掛け用の溝がある。 ・ばねは、上方からアクセスする。
23	引張ばねの実装 （水平アクセス）	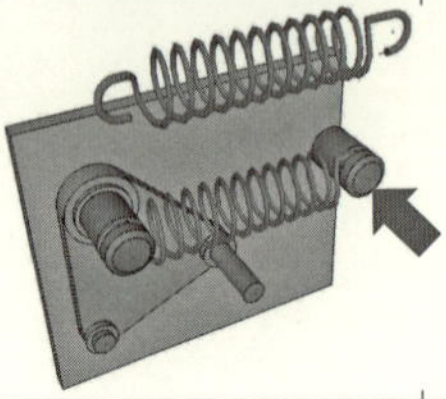	0.08	・ばねの両端にフック部あり。 ・軸には、フックに相当する部分に引っ掛け用の溝がある。 ・ばねは、水平からアクセスする。
24	引張ばね （上方 / 水平の 混合アクセス）	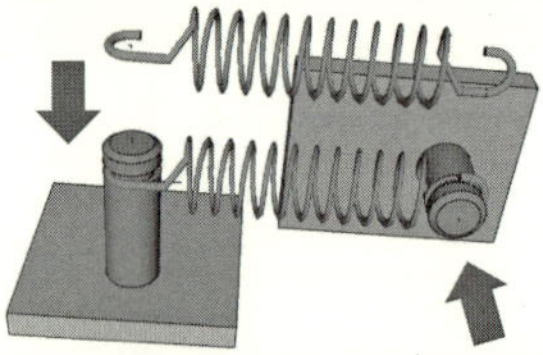	0.09	・ばねの両端にフック部あり。 ・軸には、フックに相当する部分に引っ掛け用の溝がある。 ・ばねは、上方と水平からアクセスする。非推奨
25	トーションばね ねじりばね （上方アクセス） （水平アクセス）	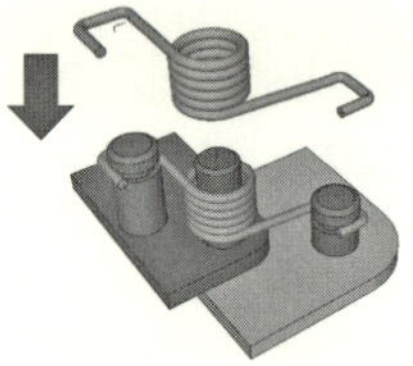	0.08	・このばねをトーションばね（torsion spring）とも呼ぶ。現場では、この用語が使われる。 ・ばねの両端にフック部あり。 ・軸には、フックに相当する部分に引っ掛け用の溝がある。 ・ばねは、上方からアクセスする。 ・水平アクセスの場合：0.09
26	トーションばね ねじりばね （上方アクセス） （水平アクセス）	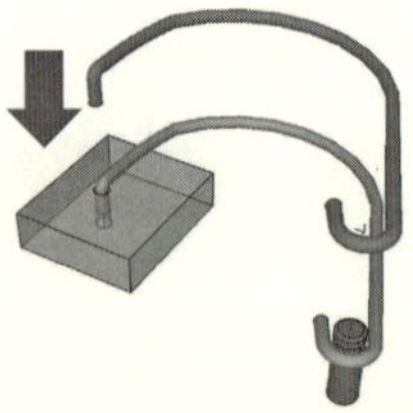 左端：スケルトン表示 左端は、差し込み形状でもフックでもSTは同じ	0.09	・このばねをトーションばね（torsion spring）とも呼ぶ。現場では、この用語が使われる。 ・ばねの一端にフック部あり、他端は、差し込み形状となっている。 ・軸には、フックに相当する部分に引っ掛け用の溝がある。 ・ばねは、上方からアクセスするが、位置決めが上記より不安定。 ・水平アクセスの場合：0.11

図表７-３-１　引張ばねとトーションばねの装着に関する各種ST

7-3-2. 事例：張力自動調整用の引張ばね装着に関する設計見積り方法

前述の厳さんが身近な事例として、「第6章の図表6-2-9」を取り上げました。本項では、その図表からあえて、「張力自動調整テンショナ機構」部を取り出し、新たに**図表7-3-2**に掲載しました。

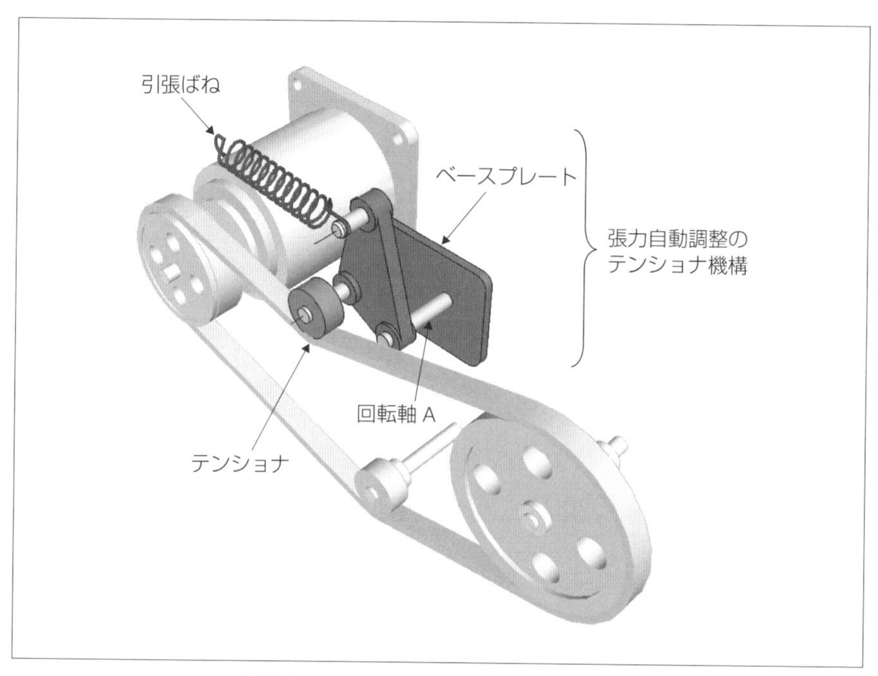

図表7-3-2　張力自動調整用の引張ばね

【図表7-3-2の引張ばね装着の設計見積り】

第4章の図表4-1-2の公式4-1-3を使います。

また、ロット3,000個の見積り条件から、図表4-1-3に示すロット倍率は、0.87となります。

両端にフック部のある引張ばねの装着において、その標準STは、図表7-3-1のNo.23から0.08を採用します。

組立見積り＝(0.08 × 40[注]) × 0.87 ＝ 2.8指数（円）

となります。

注：日本企業の平均工賃40円/分のこと。項目2-2-2と項目2-2-3を参照。

ちょいと茶でも……

第４章の図表４-１-３に示すロット倍率（量産効果）は万能なの？

厳さん！第４章の上方組立も水平組立も、また、Ｅリング もＣリングの装着も、さらに、第６章のベルト類やチェー ンの装着も、すべて、図表４-１-３のロット倍率を使って いますよね？

おぉ、そうだ。それがどうした？
図表４-１-３って、これだよなぁ……

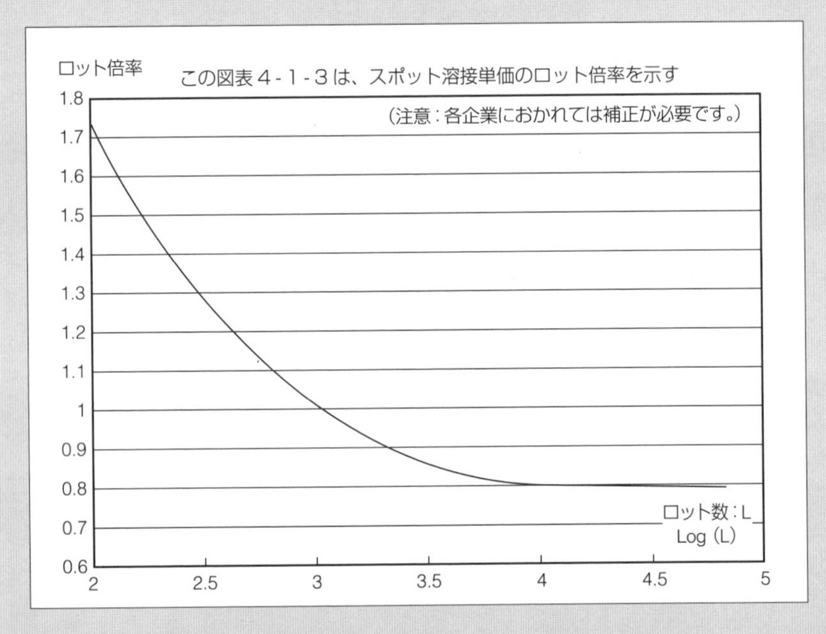

あっ、そうです、これです。スポット溶接単価のロット倍 率です。
組立の設計見積りですが、なんでもかんでも、このロット 倍率を適用しちゃえばいいんですよね？

べらんめぇ！
なんでも、かんでもだとぉ……
オイ、まさお！技術者なら言葉を慎め（つつしめ）！

ここで、重要な組立知識を再度、解説しておきます。

実は、この図表4-1-3は、第3章の図表3-4-5、つまり、スポット溶接単価のロット倍率と同じです。

「同じにした」のではなく、当事務所のクライアント企業の協力を得て分析した各種組立に関するロット倍率が、スポット溶接単価のロット倍率とほぼ一致したのです。

このデータからも、第3章で何度も解説した「溶接は、組立の代表格」であることが裏づけられます。

ここまで学べば、コイルばねの両端を研削しても、フック部や異形の端部曲げがあっても、その設計見積りができるようになったと思います。

ここで注意事項があります。

実際の業務では、豊富な種類のばねがラインアップされたカタログから最適な仕様のばねを選択できます。つまり、既製品からの選択であり、ねじ同様に設計見積りは不要です。

当事務所のクライアント企業において、ばねの選択はカタログの標準品を、特殊な形状や仕様は、前述の設計見積りを実行してから、ばね製作企業と技術的、形状的な打合せを実行しています。これまさに、現地化設計です。

コイルばねの選択は、ばね製作企業のカタログから「標準品」を選択する。特殊なばねの場合は、設計見積り後、ばね製作企業と打ち合わせる。これまさに、現地化設計。

7-3-3. 圧縮ばねの装着に関する設計見積り

以下に示す**図表7-3-3**は、コイルばねのうち、圧縮ばねに関する各種STが記載されています。

No.	組立名	事例	ST(分)	備考
27	圧縮ばねの実装 (上方アクセス) (水平アクセス)	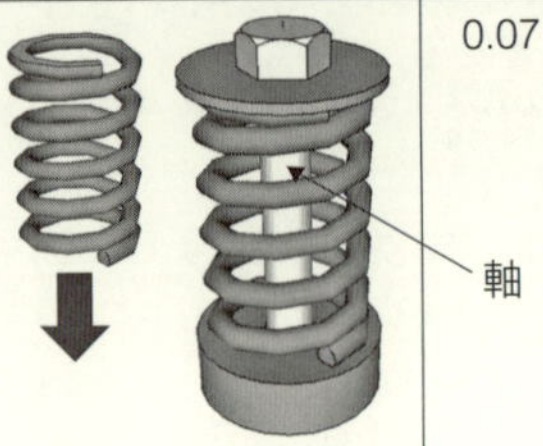 軸	0.07	・ばねは、軸をガイドに上方からアクセスする。 ・水平アクセスの場合：0.08
28	圧縮ばねの実装 (上方アクセス) (水平アクセス)	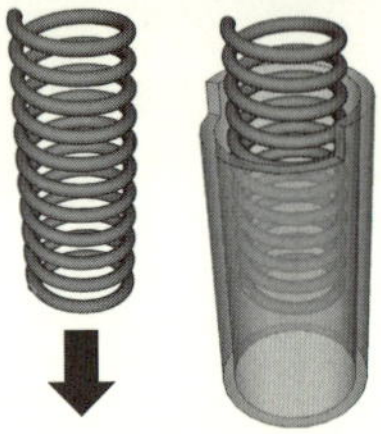	0.07	・ばねは、円筒穴をガイドに上方からアクセスする。 ・水平アクセスの場合：0.08
29	圧縮ばねの実装 (上方アクセス) (水平アクセス)	断面表示 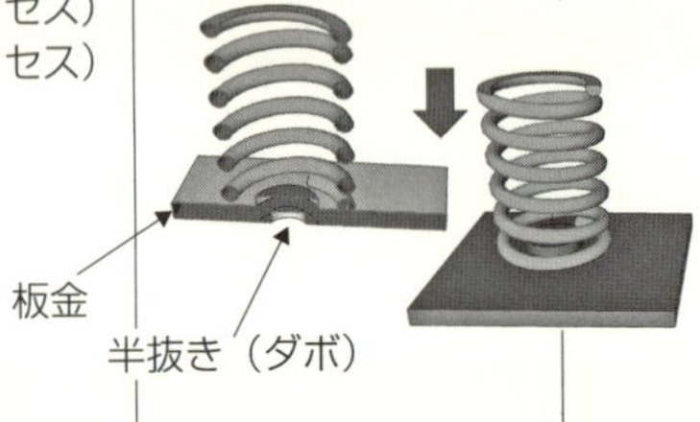 板金 半抜き（ダボ）	0.09	・板金に設けられた半抜き（ダボ）を目がけて、圧縮ばねを上方から落とし込む。 ・上記の作業より不安定。 ・水平アクセスの場合：0.12
30	圧縮ばね (上方アクセス) (水平アクセス)	断面表示 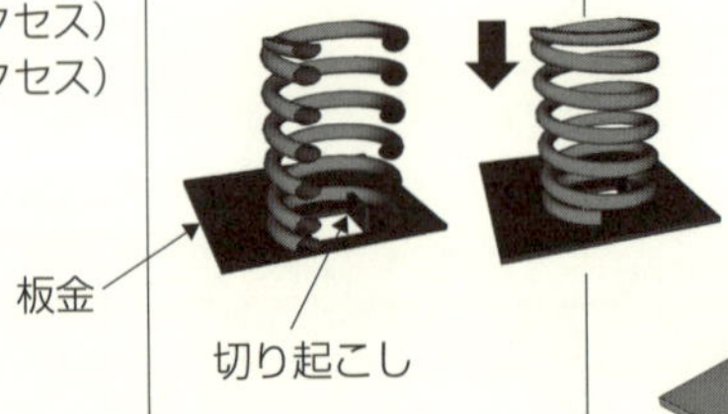 板金 切り起こし	0.09	・板金に設けられた切り起し部を目がけて、圧縮ばねを上方から落とし込む。 ・作業不安定。 ・水平アクセスの場合：0.12 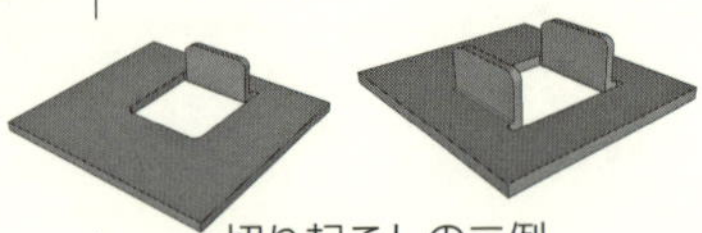 切り起こしの二例

図表7-3-3 圧縮ばねの装着に関する各種ST

図表7-3-3から、やはり、上方組立がSTに関しては有利です。また、半抜き（ダボ）や切り起しによるセルフロケータ[注]は、家電品やOA機器などで、ST低減のために多用されています。

注：第3章の項目3-2-2を参照

板金部品における半抜き（ダボ）や切り起しによるセルフロケータは、家電品やOA機器でST低減のために多用されている。

7-3-4. 事例：鉛筆削り器におけるばねの組立見積り

恒例の身近な事例として、お馴染みの「手動式鉛筆削り器」を取り上げ、**図表7-3-4**と**図表7-3-5**に掲載しました。

では早速、両図中における「トーションばね」と「圧縮ばね」に関する装着の設計見積りを実施してみましょう。

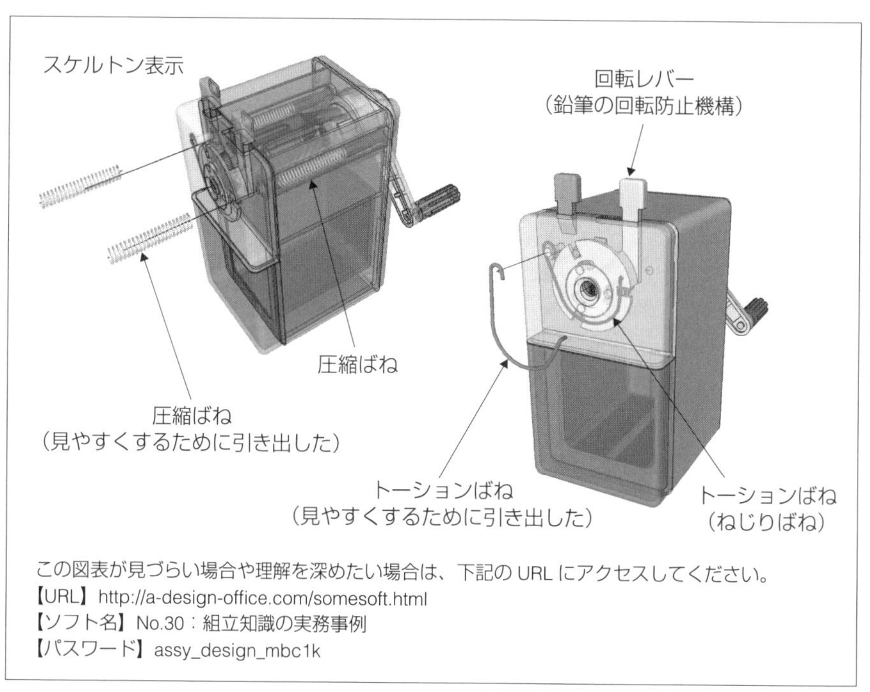

この図表が見づらい場合や理解を深めたい場合は、下記のURLにアクセスしてください。
【URL】http://a-design-office.com/somesoft.html
【ソフト名】No.30：組立知識の実務事例
【パスワード】assy_design_mbc1k

図表7-3-4　手動式鉛筆削り器に装着されている2種のばね

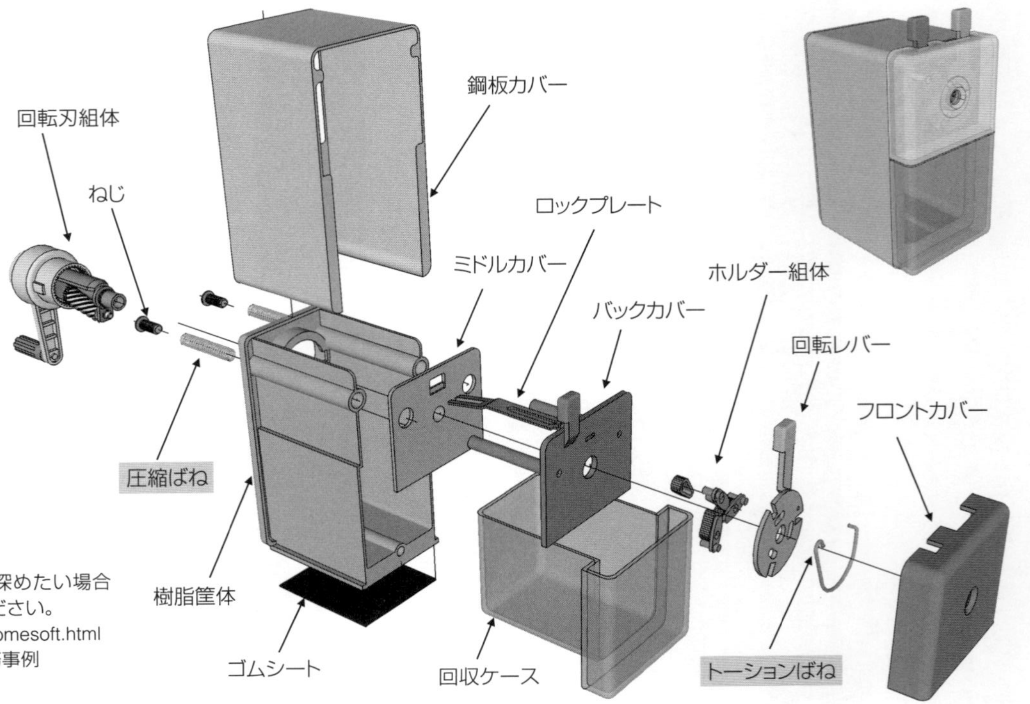

この図表が見づらい場合や理解を深めたい場合は、下記の URL にアクセスしてください。
【URL】http://a-design-office.com/somesoft.html
【ソフト名】No.30：組立知識の実務事例
【パスワード】assy_design_mbc1k

図表 7-3-5　手動鉛筆削り器の構造（筆者の設計）

【図表7-3-4、および図表7-3-5のトーションばね装着の設計見積り】

恒例の第4章の図表4-1-2の公式4-1-3を使います。

また、ロット3,000個の見積り条件から、図表4-1-3に示すロット倍率は、0.87となります。

トーションばねの装着において、その標準STは、図表7-3-1のNo.26から0.09（上方アクセス）を採用します。

組立見積り＝(0.09 × 40注) × 0.87 ＝ 3.1指数（円）

となります。

注：日本企業の平均工賃40円/分のこと。項目2-2-2と項目2-2-3を参照。

【図表7-3-4、および図表-5の圧縮ばね装着の設計見積り】

同様に、第4章の図表4-1-2の公式4-1-3を使います。

また、ロット3,000個の見積り条件から、図表4-1-3に示すロット倍率は、0.87となります。

図中の2本ある圧縮ばねの装着において、その標準STは、図表7-3-3のNo28から0.08（水平アクセス）を採用します。

組立見積り＝(0.08 × 40注) × 0.87 × 2 ＝ 5.6指数（円）

となります。

注：日本企業の平均工賃40円/分のこと。項目2-2-2と項目2-2-3を参照。

オイ、まさお！
数々の身近な事例で、「現地化」や「現地化設計」を理解したかぁ？ あん？
理解したらよぉ、さっさと現地へ行ってこい！これは命令だぁ！

厳さん！
修行を兼ねて、早速、現地へ行ってきまぁ〜す！
観光気分は、払拭できました。

組立/現地力・チェックポイント

【第7章 コイルばねの組立知識と設計見積り】

第7章における「組立/現地力・チェックポイント」を下記にまとめました。
理解できたら「レ」点マークを□に記入してください。

〔項目7-1：コイルばね（引張ばねと圧縮ばね）の設計知識〕

① 錆びにくいSUS304WPBは、ニッケルめっきを施す場合がある。
その理由は、高温酸化の防止と耐食性の向上を得るためである。 □

② 工程を分析することで、その部品の弱点がみえてくる。ここを
現地化では、真っ先に押さえる必要がある。これは、生産技術にも
言える。 □

〔項目7-2：事例：ステンレス製圧縮ばねの設計見積り〕

① 設計見積りは製造工程を理解できる。製造工程を知らないと設計見
積りはできない。しかし、マニアックな知識は不要である。 □

② コイルばねに関する激しいロット倍率（量産効果）を知ることが、
「現地化」の大きなヒントになる。 □

③ 各部品のロット倍率（量産効果）を知ることは、設計/製造/調達に
おける「現地化」の重大要素であり、原価管理の重大要素でもある。 □

④ 現地化とは、現地における各部品のロット倍率（量産効果）を求め
ることを意味する。 □

⑤　コイルばねに関するフック部などの「その他の加工」は、コスト高であることを理解しよう。　□

⑥　部品の「高い、安い」だけでは、現地化を語れない。推進もできない。　□

⑦　比較法による自己研鑽は、設計職人となる近道。
それはまた、「現地化」への王道である。　□

〔項目7 - 3：コイルばね装着に関する設計見積り方法〕

①　コイルばねの選択は、ばね製作企業のカタログから「標準品」を選択する。特殊なばねの場合は、設計見積り後、ばね製作企業と打ち合わせる。これまさに、現地化設計。　□

②　板金部品における半抜き（ダボ）や切り起しによるセルフロケータは、家電品やOA機器でST低減のために多用でされている。　□

チェックポイントで70%以上に「レ」点マークが入りましたら、これで終了です。お疲れ様でした。

オイ、まさお！
よくがんばったなぁ、疲れたろがぁ、
あん？
オメェもよぉ、ちょいといっぺぇやれってもんよ。

厳さん！
なんだか、僕も元気が出ました。
明日、二度目の現地入りです！

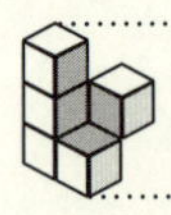

おわりに　コストを問わない日本企業の設計審査

昨今のプロスポーツ選手の語学力には驚きます。英語、ドイツ語、スペイン語、イタリア語などとても流暢で、外国のプレスのインタビューにも堂々と現地語で答えています。聞けば、タブレットや仲間の選手から教わったとのこと。スポーツ選手だけでなく、通訳としても活躍できそうな実力です。

スポーツをとるべきか、語学をとるべきかではなく、双方が備わってはじめてプロの選手となれる時代なのでしょう。

技術の話に戻しましょう。

たとえば設計審査の話ですが、日本企業では下記の弱点が存在しています。

① Qを採るべきかCを採るべきかと、いつまでも悩んでいる。

② 設計審査において、技術者の四科目といわれているQ（Quality、品質）、C（Cost、コスト）、D（Delivery、期日）、Pa（Patent、特許）のうち、Qばかりで、Cを審査していない。

上記①に関してですが、これぞ「ガラパゴス化」です。世界の先端企業で、QとC分離しているのは日本企業だけです。今や、1科目となりました。それが、世間ではCPと略す「コストパフォーマンス」です。詳細は、書籍「ついてきなぁ！品質とコストを両立させる『超低コスト化設計法』」を閲覧してください。

次に②です。これも日本企業のガラパゴス化です。Cを真剣に審査している企業でさえ、部品の材料費や加工費を概算していますが、組立費は上の空。環境のためのリサイクル／リユース時に必須の分解費はまるで夢のよう。

ISO9001とは何のことでしょうか？ 設計審査は技術者に有利な技術明会でよいのでしょうか？ モノづくり日本とは、何をすべきでしょうか？ 少なくとも、いきなり3次元CAD、いきなり3Dプリンタでは虫が良過ぎませんか？

2015年9月

筆者：國井 良昌

【書籍サポート】

皆様のご意見やご質問のフィードバックなど、ホームページ上でサポートする予定です。下記のURLの「ご注文とご質問のコーナー」へアクセスしてください。

URL：國井技術士設計事務所　　http://a-design-office.com/

著者紹介——

國井 良昌（くにい よしまさ）

技術士（機械部門：機械設計/設計工学）
日本技術士会 機械部会
横浜国立大学 大学院工学研究院 非常勤講師
首都大学東京 大学院理工学研究科 非常勤講師
山梨大学工学部 非常勤講師
山梨県工業技術センター客員研究員
高度職業能力開発促進センター運営協議会専門部会委員

1978年、横浜国立大学 工学部 機械工学科卒業。日立および、富士ゼロックスの高速レーザプリンタの設計に従事した。1999年、國井技術士設計事務所を設立。設計コンサルタント、セミナー講師、大学非常勤講師として活動中。
以下の著書が日刊工業新聞社から発行されている。

・「ついてきなぁ！加工知識と設計見積り力で『即戦力』」などの「ついてきなぁ！」シリーズ 全13冊

URL：國井技術士設計事務所　http://a-design-office.com/

ついてきなぁ！
組立知識と設計見積り力で「設計職人」　NDC 531.9

2016年1月20日　初版1刷発行

（定価はカバーに表示されております。）

©著　者　國井良昌
発行者　井水治博
発行所　日刊工業新聞社
〒103-8548　東京都中央区日本橋小網町14-1
電　話　書籍編集部　東京　03-5644-7490
販売・管理部　東京　03-5644-7410
FAX　03-5644-7400
振替口座　00190-2-186076
URL　http://pub.nikkan.co.jp/
e-mail　info@media.nikkan.co.jp

印刷・製本　ワイズファクトリー

落丁・乱丁本はお取替えいたします。　2016　Printed in Japan
ISBN 978-4-526-07498-1